KB108127

# 바이오
# 신약
# 혁명

DNA, RNA, 단백질, 세포 그리고 디지털 치료제

# 바이오 신약 혁명

이성규 지음

질병 정복을 꿈꾸는
바이오 미래기술

플루토

우리는 코로나 팬데믹을 겪으면서 mRNA 백신, 항체 치료제라든가 보험 광고에서는 표적항암제 등의 용어를 익숙하게 접하고 있다. 코로나 백신을 접종받으면서 백신 간 비교까지 할 만큼, 멀게만 느껴지던 바이오 기술이 생활 기술로 자리 잡은 듯하다. 그러나 신약이나 바이오 기술의 세계는 가까이하기가 어려운 것도 사실이다.

또한 유전자 치료제, 세포 치료제, 2중항체, 약물 전달 기술, 세포 독성 약물을 단 항체 치료제에 이르기까지 바이오 기술은 발전하고 있어도 암, 뇌질환 등 극복하지 못한 질병은 여전히 존재한다.

이러한 흐름 속에서, 작가는 생명공학을 전공하고 과학 전문 기자로서의 오랜 경험을 살려 각 분야의 신약 개발부터 진단 기술에 이르기까지 중요한 개념과 원리, 용어를 쉽게 설명하여 누구나 이해할 수 있도록 잘 정리했다. 바이오 신약 기술은 물론이고, 신약 개발의 현황, 바이오 창업, 의대 열풍, 비대면 진료를 포함한 사회적 이슈까지도 광범위하게 다루고 있어 이 한 권을 읽으면 바이오 신약의 트렌드를 모두 접할 수 있다. 또한 기술 개발에 숨겨진 개발사들의 이야기는 이 책을 읽을 때만 얻을 수 있는 또 하나의 재미다.

바이오 분야 관계자, 투자자뿐 아니라 바이오 신약과 관련한 획기적 기술의 전망에 대해 알고자 하는 모든 사람에게 이 책을 추천한다.

－정종평 나이벡 대표이사(서울대학교 치과대학 명예교수, 한국과학기술한림원 종신회원)

이 책은 신약 개발부터 디지털 치료제까지 바이오 기술의 현황과 문제점뿐만 아니라 앞으로의 방향까지 솔직 담백하게 제시한다. 과학기술 전문 기자의 풍부한 경험과 통찰이 빛나는 책으로, 바이오 분야의 고정관념을 탈피해야 하는 이유를 명쾌하게 설명하고 있다. 이 분야에 관심 있는 분들에게는 좋은 선물이 될 것이다.

－김남균 칼라세븐 대표이사

저자는 바이오·제약 분야의 전문 기자로 활동하면서 국내 대부분의 바이오·제약 기업 CEO를 인터뷰했으며, 몇 권의 저서를 출판하기도 한 저자다. 《바이오 신약 혁명》은 세포 유전자 치료제가 미래의 새로운 치료 모달리티로 대두되고 있는 시점에 과학 전문 기자의 시점에서 쓴 독자를 위한 안내서다. 태어날 때부터 결정되는 유전자를 통해 질병을 유발할 수 있는 상황을 예측하고 예방하는 시대, 모두를 위한 치료제보다는 개인의 유전적 환경과 식습관을 조절하는 개인 맞춤형, 참여형 치료의 시대가 다가오고 있다. 이러한 시대를 이해하고 대비하려는 과학자와 대중을 위한 훌륭한 가이드가 될 책이다.

-임재승 셀라토즈테라퓨틱스 대표이사

신약 개발에는 지름길이 존재하지 않는다. 수많은 실험과 임상에서의 검증 과정을 거쳐야만 성공할 수 있다. 학문적 가설을 차근차근 검증할 뿐 아니라 동반 진단의 바이오 마커 발굴을 고민하는 과학자들의 도전이 신약 개발의 성공을 가져올 것이다. 바이오 기초 지식, 다양한 기술과 산업 전반의 내용을 담은 이 책은 글로벌 신약 개발 현황을 잘 파악할 수 있게끔 설명했다. 끊임없는 혁신과 기술의 발전이 인류의 질병을 극복할 수 있기에, 《바이오 신약 혁명》은 신약 개발의 변하는 판도와 더 건강한 인류를 위한 끊임없는 도전을 통한 새로운 신약 탄생을 기대하게 한다.

-이상훈 에이비엘바이오 대표이사

오랜 세월이 지난 후 어디에선가

나는 한숨지으며 이야기할 것입니다.

숲속에 두 갈래 길이 있었고,

나는 사람들이 적게 간 길을 택했다고.

그리고 그것이 내 모든 것을 바꾸어놓았다고.

미국의 저명한 시인 로버트 프로스트의 시 〈가지 않은 길〉의 마지막 대목이다. 프로스트의 시처럼 인생은 갈림길의 연속이다. 돌이켜 보면 내 인생의 첫 번째 갈림길은 대학 4학년 때 찾아왔다. 대학 4학년이면 앞으로 무엇을 해 먹고살지 진로를 두고 고민하기 마련이다. 여러 길이 있겠으나, 이공학을 전공했다면 크게 두 가지로 추려진다. 하나는 공부를 계속해서 석박사 학위를 딴 후 대학교수나 기업체 연구원이 되는 길이다. 예나 지금이나 이 길을 선택할 때 대부분 대학교수가 되길 희망한다. 또 다른 길은 학부를 마치고 일반 기업에서 회사원으로 생활하는 것이다. 이 길의 최종 목적지는 아마도 대표이사일 것이다.

내가 4학년 2학기 때 첫 번째 길로 갈까 고민할 무렵, 잘 아는 교수님이 대학원에 들어와서 녹아웃 마우스knockout mouse를 만들어보라고 말했다. 녹아웃 마우스는 생명공학 기술을 사용하여 특정 유전자를 없앤 실험용 생쥐를 말하는데, 특정 유전자의 기능을 규명할 때 주로 사용한다. 예를 들어 생쥐에게서 A유전자를 없앤 후 생쥐의 병리·생리학적 특성을 살펴보면 A라는 유전자의 기능을 규명할 수 있다. 특히 질병과 관련한 유전자의 기능을 살펴볼 때 아주 유용하다. 대학원 입학을 고민할 때가 대략 20년 전쯤이니, 당시에는 최첨단 생명공학 기술이었다. 녹아웃 마우스를 만들었다는 사실만으로 《네이처》, 《사이언스》, 《셀》 등과 같은 가장 저명한 학술지에 논문을 낼 수 있을 정도였다. 그때는 이 저널 가운데 한 곳에만 논문이 실려도 국내에서 대학교수를 할 수 있었다.

공부를 계속한다면 대학교수의 길을 걷고 싶었던 내게는 솔깃한 제안이었다. 하지만 현실적인 장벽이 있었다. 일단 국내에 녹아웃 마우스를 만든 연구자가 드물었다. 당시엔 박사후연구원이 한 치의 실수 없이 녹아웃 마우스를 만드는 데만도 5~7년이 걸렸다. 고민한 끝에 이 길은 택하지 않았다. 20여 년이 지난 현재에도 녹아웃 마우스는 여전히 중요한 바이오 기술이지만, 그때와 달리 지금은 4주면 만들 수 있다. 게다가 녹아웃 마우스를 전문적으로 만들어주는 기업도 따로 있을 정도다.

녹아웃 마우스를 4주 만에 만들 수 있는 것은 유전자 가위라고 불리는 유전자 교정gene editing 기술 덕분이다.• 유전자 가위 기술은 필요로 하는 유전자를 잘라내거나 다른 유전자로 바꿔 넣는 기술이다. 유전자 가위 기술을 이용하면 목표로 하는 특정 유전자만, 이전에는 상상할 수 없을 만큼 쉽고도 신속하게 없앨 수 있다. 이런 변화를 보면 격세지감을 느낀다. 그때 녹아웃 마우스를 만드는 길을 택했다면 지금쯤 신약을 개

--------------------------------------------------------

• Hui Yang, Haoyi Wang & Rudolf Jaenisch, Generating genetically modified mice using CRISPR/Cas-mediated genome engineering, 《Nature Protocols》, 2014. 7. 24

발하는 연구자의 길을 걷고 있을 것이다.

신약 개발은 대략 10~15년이 걸리고 비용도 1조 원 이상이 든다. 이 것도 한 번의 실패 없이 진행했을 경우에 그렇다. 신약 개발은 여러 단 계로 나뉘는데, 첫 단계는 후보 물질을 발굴하는 것이다. 후보 물질을 발굴한 후에 동물시험을 거쳐야 인체 임상시험으로 넘어간다. 임상시 험은 피험자수를 점차 늘려가며 세 차례에 걸쳐 진행하고, 임상시험에 서 안전성과 유효성이 입증되어야 최종적으로 보건당국의 승인을 받아 신약 개발을 끝맺을 수 있다.

이 중 어느 과정 하나 중요하지 않은 단계가 없지만, 나는 후보 물질 을 탐색하는 첫 단계가 가장 중요하다고 생각한다. 일단 후보 물질을 찾 아내야 그 뒤의 과정이 진행되기 때문이다. 전통적인 신약 개발 방식으 로는 후보 물질을 발굴하는 데 대략 3~5년이 걸렸다. 기간이 오래 걸 리는 데는 여러 이유가 있지만, 무엇보다 후보 물질을 일일이 테스트해 야 하기 때문이다. 그런데 요즘은 하루면 후보 물질을 발굴할 수 있다. 인공지능AI 덕분이다. 인공지능은 지금까지 인류가 발굴한 수십만 개의 화학물질 정보를 이용해 연구하는 질병에 효과가 있을 것으로 보이는 물질을 찾아낸다. 미국의 인공지능 바이오 기업인 아톰와이즈Atomwise 는 에볼라 신약 후보 물질을 단 하루 만에 두 개나 찾아내는 기염을 토 했다. 이 또한 상전벽해가 아닐 수 없다.

이렇듯 지난 20년 동안 바이오 기술은 비약적으로 발전했고, 지금도 기술은 진행형으로 발전하고 있다. 앞으로 어떤 놀라운 기술이 등장해 서 얼마나 개발 기간을 단축할지 예측할 수 없다. 그런데 이렇게 눈부신 기술 발전에도 변하지 않은 사실이 있다면, 여전히 암이나 뇌 질환 등 정복하지 못한 질병이 정복한 질병보다 더 많다는 점이다.

"사랑은 미안하다고 하지 않는 거예요"라는 대사로 유명한 영화 〈러브스토리〉(1971)에서 여주인공의 목숨을 앗아간 백혈병은 여전히 난치병이다. 백혈병을 포함해 암으로 인한 사망자 수는 교통사고를 포함하여 어떤 사망자보다도 많다. 〈보헤미안 랩소디〉로 잘 알려진 그룹 퀸의 보컬 프레디 머큐리는 1991년에 AIDS로 사망했다. 하지만 AIDS는 아직도 완치할 수 있는 치료제가 없다. '머릿속의 지우개'라는 퇴행성 뇌질환인 치매도 비슷한 실정이다.

인류는 눈에 보이지도 않는 세포, 그 세포 속의 세포보다 더 작은 물질인 DNA마저도 자유자재로 다루면서도 왜 여전히 질병을 완전히 정복하지 못할까? 이 책에서는 이 문제에 대한 실마리를 찾기 위해 바이오 기술의 핵심과 한계, 이를 극복하기 위한 미래 기술에는 무엇이 있는지 살펴보고, 바이오 기술 혁신이 불러올 보건·의료의 변화를 예상해 보려 한다.

# 바이오 테크놀로지의 세계에 오신 걸 환영합니다

## 2장

# 바이오 테크놀로지,
# 만능 해결사가 될 것인가

## 3장

# 유전자, 단백질, 세포…
# 확장되는 바이오 의약품의 영역

4장

# 세포를 공략하라!
# 바이오 의약품의 또다른 혁신

# 5장

# 바이오 테크놀로지의 현재와 미래

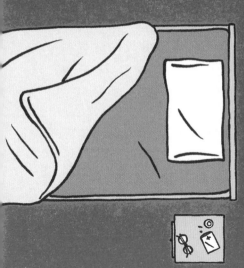

# 바이오테크놀로지의 세계에
# 오신걸 환영합니다

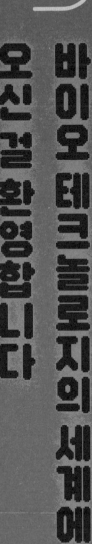

# 중심 이론, DNA와 RNA

어느 정부든 정권을 잡으면 10대 국가 핵심 기술 같은 것을 발표한다. 정권마다 명칭은 다소 다르지만 내용은 별반 차이가 없다. 그런데 이런 국가 핵심 기술에서 빠지지 않는 것 가운데 하나가 양자 기술이다. 양자 기술은 양자역학에 뿌리를 둔 첨단 기술인데, 흥미롭게도 양자역학은 100여 년 전만 해도 과학자들 사이에서 이견이 팽팽하게 맞서는 학문이었다. 특히 당대 최고의 물리학자였던 아인슈타인은 양자역학을 과학으로 인정하지 않았다.

아인슈타인이 양자역학을 부정한 이유는 다음과 같다. 아인슈타인은 빛보다 빠른 것은 존재하지 않는다고 가정한다. 그런데 양자역학에 따르면 한쪽의 정보값이 정해지면 다른 한쪽의 정보는 자동으로 정해진다. 이것이 가능하려면 빛보다 빨리 정보가 전달돼야 한다. 아인슈타인은 빛보다 빠른 것은 존재하지 않는다고 했으니, 그가 보기엔 양자역학은 어불성설이었던 것이다.

아인슈타인 이론의 핵심은 빛보다 빠른 물체는 없다는 것과 에너지-질량 등가 원리$^{E=mc^2}$다. 아인슈타인이 등장하기 이전의 물리학을 고전 물리라고 하는데, 즉 뉴턴의 물리학이다. 이는 관성의 법칙, 가속도의 법칙, 작용·반작용의 법칙으로 요약되는 뉴턴의 운동법칙이 핵심이다.

이렇게 시작부터 아인슈타인과 뉴턴을 설명하는 이유는 어느 학문이든 그 분야를 대표하는 이론이 있다는 점을 분명히 하기 위해서다. 물리학에 아인슈타인의 상대성 이론과 뉴턴의 운동법칙이 있다면, 생물학에는 중심 이론$^{central\ dogma}$이 있다. 중심 이론은 생명체의 유전자가 발현되는 흐름을 설명한다.

지구상의 모든 생명체는 유전 정보를 DNA에 담고 있다. 즉 DNA는 유전 정보를 담은 일종의 지도라고 할 수 있다. 생명체는 DNA를 바탕으로 유전자를 발현$^{expression}$시킨다. 유전자를 발현시킨다는 말은 단백질$^{protein}$을 만든다는 의미다. 단백질이 실제로 생명을 유지하기 위해 일하는 일꾼이기 때문이다. 생명체의 기본 단위인 세포는 생존하기 위해 주변 세포와 끊임없이 소통하고 에너지를 만드는 등 이런저런 할 일이 많다. 이런 일에 필요한 일꾼이 단백질이다. 그러므로 생명체는 단백질을 만들지 못하면 생명 현상을 유지하기 힘들다. 단백질은 DNA에서 바로 만들어지지 않고 중간 단계인 RNA를 거친다. 다시 말해 생명체는 DNA에서 시작해 RNA를 거쳐 단백질을 만든다는 것이 중심 이론이다.

중심 이론에 있어서 과학자들의 주된 관심사는 유전자 지도인 DNA와 최종 산물인 단백질이다. 질병을 일으키는 원인 물질을 찾아낸다면, 그 시발점인 DNA나 최종 물질인 단백질을 조절하여 병을 치료할 수 있으리라고 생각하기 때문이다. 1953년, 제임스 왓슨과 프랜시스 크릭이 DNA가 이중나선 구조라는 사실을 규명한 이후 DNA 연구가 폭발적으로 이뤄졌다. 지난 50년은 DNA의 시대라고 봐도 될 정도다. 그리고 DNA와 함께 연구되는 것이 단백질이다. 특정 DNA, 예를 들어 A라는 유전자는 A단백질과 100퍼센트 매칭되기 때문에 DNA와 단백질은 함께 연구된다.

상황이 이렇다 보니 RNA는 질병 치료 연구에서 상대적으로 소외됐다. 하지만 RNA도 학문적 위치는 DNA나 단백질 못지않았다. 그 이유는 바이러스 때문이다. 레트로바이러스라는 특이한 바이러스가 있는데, 이것은 유전 정보를 DNA가 아닌 RNA에 담는다. 그런데 RNA에서 바로 단백질을 만드는 것이 아니라, RNA에서 DNA로 갔다가 다시 RNA를 거쳐 단백질을 만든다. 이렇듯 유전 정보가 거꾸로 흐른다고 해서 레트로retro라는 명칭이 붙었다.

앞에서 모든 생명체는 DNA에 유전 정보를 담고 있고 유전 정보의 흐름은 중심 이론을 따른다고 설명했는데, 레트로바이러스는 그렇지 않기 때문에 생명체로 분류되지 않는다. 레트로바이러스뿐만 아니라 바이러스 전체를 생명체로 보지 않는다. 모든 바이러스는 숙주세포에 기생하지 않으면 독자적으로 생존할 수 없기 때문이다. 다만 레트로바이러스의 독특한 유전 정보 흐름은 RT-PCR과 같은 역전사 유전자 증폭 기술에 활용되므로, RNA는 바이오 연구에서 중요하다.

그동안 DNA나 단백질보다는 상대적으로 관심이 덜하던 RNA는 코로나19를 계기로 새롭게 조명되었다. RNA 3형제*의 하나인 mRNA를 이용한 백신이 세계 최초로 상용화됐기 때문이다. 코로나19 mRNA 백신 이전에도 이를 이용한 백신 연구가 진행되기는 했지만, 특히 이번 백신은 백신 시장에 지각 변동을 일으켰다. 그에 힘입어 mRNA는 백신에

1장 바이오 테크놀로지의 세계에 오신 걸 환영합니다

서 치료제로 그 영역을 확장하고 있다. 바야흐로 DNA와 단백질을 넘어 RNA, mRNA의 시대가 도래한 셈이다.

이제부터 중심 이론의 핵심 3형제인 DNA와 단백질, RNA가 어떻게 질병 치료와 예방에 활용되는지 살펴보자.

--------------------------------------------------------

- RNA는 크게 mRNA, tRNA, rRNA로 분류된다. mRNA는 DNA에서 전사되는 RNA로, 생명체는 mRNA를 바탕으로 단백질을 합성한다. tRNA와 rRNA는 단백질 합성에 활용된다.

# 안젤리나 졸리가 유방을 절제한 이유

아이언맨과 헐크, 천둥의 신 토르 등 남자 영웅들이 각축전을 벌이는 할리우드의 SF 영화〈어벤저스〉에 블랙 위도라는 홍일점으로 등장해 '어벤저스' 시리즈로 10년 가까이 할리우드를 호령한 스칼릿 조핸슨. 그런데 조핸슨에 앞선 여전사의 대명사는 안젤리나 졸리였다. 졸리는 '툼 레이더' 시리즈와〈미스터&미세스 스미스〉,〈솔트〉등에 출연하며 남자 배우에 버금가는 화려한 액션을 보여주며 할리우드 최고의 액션 여배우로 활약했다. 액션 연기뿐만 아니라 육감적인 몸매 덕분에 인기가 대단했다.

당대를 풍미했던 졸리는 2013년에 미국의 저명한 일간지《뉴욕타임스》에 갑자기 한 편의 글을 기고했다. '나의 의학적 선택My medical choice'이라는 제목의 글인데, 그 내용을 요약하면 다음과 같다.

"나의 어머니는 10년 가까이 암과 투병했고 56세의 나이로 숨졌다. 나는 유전자 돌연변이를 가져 유방암에 걸릴 확률이 87퍼센트이며, 난소암에 걸릴 확률은 50퍼센트라는 진단을 받았다. 엄마와 같은 운명을 겪고 싶지 않아 오래 고민한 끝에 유방암 절제술을 받았고, 그 덕분에 유방암 발병 위험이 87퍼센트에서 5퍼센트로 떨어졌다. 나는 아이들에게 유방암으로 엄마를 잃을까 봐 걱정할 필요가 없다고 말할 수 있다."

육감적인 몸매로 유명한 스타가 유방 절제술을 유방암 예방 차원에서 받는다는 것은 쉽지 않은 결정이다. 그런데도 졸리가 절제술을 받은 이유는 자신의 어머니가 유방암으로 세상을 떴고, 어머니의 목숨을 앗아 간 돌연변이 유전자를 자신도 가졌기 때문이다.

그 돌연변이 유전자가 BRCA<sup>브라카</sup>다. BRCA는 BReast CAncer의 약자로, 말 그대로 유방암이라는 뜻이다. 인간에게는 BRCA1과 BRCA2라는 BRCA 유전자가 있는데, 정상적인 경우에는 유방암 발병을 억제하는 긍정적인 기능을 수행한다. 그런데 BRCA 유전자에 돌연변이가 생기면 유방암을 일으킨다. 유방암의 발병 원인은 다양한데, 유전에 의

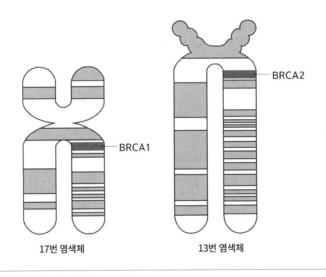

17번 염색체            13번 염색체

BRCA1, BRCA2의 구조

한 유방암은 전체 유방암의 5~10퍼센트를 차지한다.

BRCA처럼 특정 기능을 수행하는 유전자는 수없이 많다. 인간은 대략 2만 개가 넘는 유전자를 지닌 것으로 밝혀졌다. 생물학에서는 이런 유전자의 총합을 유전체라고 하는데, 유전체는 DNA와 같은 의미다.

여기서 주목해야 할 것은 돌연변이 BRCA 유전자가 유전성 유방암의 직접적인 원인이라는 점이다. BRCA 유전자가 유전성 유방암의 직접적인 원인임이 밝혀지면 과학자들이 할 수 있는 일이 많아진다. 일단 BRCA 돌연변이 유전자를 분석하면 유방암에 걸렸는지, 혹은 앞으로 걸릴지 예측할 수 있다. 또한 원인 유전자가 규명되면 이 유전자를 겨냥한 표적 치료제를 개발할 수 있다. 돌연변이 BRCA 유전자의 기능을 억제하는 것이다.

유전자의 기능을 억제하는 데는 여러 방법이 있는데, 구체적인 내용은 뒤에서 하나씩 살펴볼 것이다. 만약 기능 억제를 넘어 돌연변이 유전자를 정상 세포로 바꿀 수 있다면 유전성 유방암의 근본 치료제가 될 것이다. 이것이 바로 유전자, DNA에 과학자들이 주목하는 이유다.

# DNA의 화학 구조는?

다소 어렵게 느껴지지만, DNA를 이해하려면 DNA의 화학 구조를 간략하게나마 알아두어야 한다.

DNA는 뉴클레오타이드라는 기본 단위가 반복적으로 이어지는 화학 구조로 되어 있다. 뉴클레오타이드는 5탄당●을 중심으로 베이스라고 불리는 염기와 인산이 각각 연결된 것이다. 뉴클레오타이드에 결합하는 염기는 총 네 개로, 아데닌, 구아닌, 티민, 사이토신이다. 한 개의 뉴클레오타이드에는 네 가지 염기 중 한 개가 붙는다.

인간의 DNA는 총 30억 개의 뉴클레오타이드가 연결된 것이라, 총 30억 개의 염기가 이어진 형태라고 보면 된다. 흥미롭게도 염기 가운데 아데닌은 티민과, 구아닌은 사이토신과 상보적으로 결합한다. 곧 30억 개의 DNA가 한 가닥 있으면, 각각의 염기와 상보적으로 결합하는

------------------------------------------------

● 5탄당은 탄소가 5개 결합한 당을 말한다.

DNA 가닥이 하나 더 있다는 뜻이다. 그래서 인간의 DNA는 두 가닥으로 이뤄진다.

DNA가 두 가닥이 서로 결합한 이중나선 구조로 되어 있다는 것을 규명한 지 불과 9년이 지난 1962년에 왓슨과 크릭은 노벨 생리의학상을 받았다. 노벨위원회가 논문이 나온 지 10년도 안 됐음에도 노벨상을 준 것을 보면 DNA 이중나선 구조를 규명한 것이 얼마나 중요한 연구 성과인지 알 수 있다.

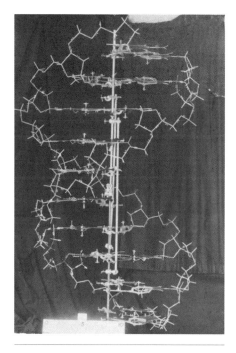

**왓슨과 크릭이 발견한 DNA 구조**(1953)
ⓒNobel prize

DNA가 두 가닥이므로 염기도 30억 개가 두 개씩 있어서, 이를 30억 개 염기쌍이라고 부른다. 만약 30억 쌍의 염기로 이루어진 DNA가 쭉 뻗은 일자 형태로 되어 있다면 세포 내에 보관하기가 힘들 것이다. 그래서 단백질 히스톤을 구심점으로 실타래 감듯이 감아서 보관한다.

고등 생물은 생명 활동에 중요한 DNA를 세포 내 핵이라는 특수한 공간에 넣어둔다. 이렇게 핵이 있는 생물은 진핵생물이라고 부르고, 세균과 같이 핵이 없는 생물은 원핵생물이라고 부른다.

DNA 한 가닥에서 염기가 어떤 순서로 이어졌는지 분석하는 것을

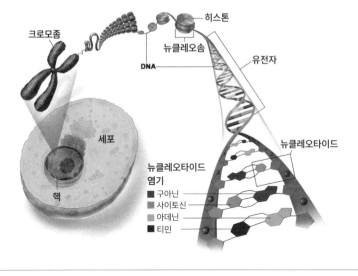

DNA 구조                                    ⓒNIH

DNA 시퀀싱이라고 한다. 유전자는 DNA의 하위 집단인 몇 개의 뉴클
레오타이드가 이어진 형태로, 몇 개의 염기쌍이 쭉 이어졌다는 의미이
기도 하다. 유전자 시퀀싱이 중요한 이유는 염기 서열 가운데 염기가 하
나만 바뀌어도 유전자 돌연변이가 발생하기 때문이다. 정상 유전자의
염기 서열과 비정상 유전자의 염기 서열을 비교하면 어떤 염기에서 돌
연변이가 생겼는지 알 수 있는데, 바로 이 염기가 질병을 일으키는 원흉
인 것이다. 그러므로 비정상적인 염기를 정상 염기로 바꾼다면, 이론적
으로 그 병을 완치할 수 있다.

# 유전자 치료제, 인 비보와 엑스 비보

가수 싸이의 〈강남 스타일〉로 외국인에게도 널리 알려진 강남은 패션과 문화, 유행을 선도하는 명실상부한 서울의 대표 명소다. 한편 강남은 사교육 1번지로도 불리는데, 그 중심에는 대치동이 있다. 대치동은 그 일대에 유명 학원이 밀집해 있어서, 강남에 거주하는 학생이라면 한 번쯤은 대치동 학원에 다녔을 것이다.

대치동은 교육으로도 유명하지만, 교통이 발달하여 땅값이 비싸다. 그중에서도 E아파트는 1979년에 입주한 이래 집값이 크게 올라 지금은 부의 상징처럼 여겨진다. 현재 시세는 20억 원대로, 2000년 초반에는 2억 원대였는데 20년 새 열 배 이상 상승했다. 집값이 이렇게 비싸다 보니 대치동에서 집을 사는 것은 평범한 직장인으로서는 불가능하다.

그런데 E아파트 두 채는 거뜬히 살 수 있는 가격의 약도 있다. 이 약의 가격은 350만 달러, 현재 환율로 46억 원 정도로, 희귀 유전병인 혈우병을 치료하는 유전자 치료제다. 혈우병은 지혈 작용을 하는 혈액응고인자가 고장이 나서 피가 나면 멈추지 않는 병이다. 그래서 혈우병 환자는 조그마한 상처가 나도 사망에 이를 수 있다. 그중에서도 B형 혈우병은 9번 혈액응고인자 유전자에 이상이 생겨 발생한다. 2022년, 미국 FDA는 정상적인 9번 혈액응고인자 유전자를 환자의 몸속에 전달하는 방식의 B형 혈우병 치료제를 승인했다.* 이렇듯 치료용 유전자를 체내에 직접 주입하여 치료하는 방식을 인 비보in-vivo라고 한다.

유전자 치료제가 몸에서 효과를 내기 위해서는 DNA가 보관된 핵까지 치료용 유전자가 전달돼야 한다. 그래야 핵 안에서 치료용 유전자, 즉 치료용 DNA가 mRNA로 전사되고, mRNA는 핵에서 나와 세포질에서 단백질로 번역된다. 만약 치료용 DNA를 핵이 아닌 세포 안까지만 전달하면, 치료용 DNA는 RNA로 전사되지 않는다. 치료용 유전자를 몸에 주입한다고 해서 유전자가 알아서 세포를 뚫고 핵 안까지 들어가지는 않는다. 그러므로 유전자 치료제는 치료용 유전자와 함께 이 유전자를 세포의 핵 안까지 전달하는 전달체로 구성된다.

그렇다면 유전자 치료제의 전달체로는 어떤 물질을 사용할까? 이 지점에서 예상치 못한 물질이 등장한다. 바로 바이러스다. 바이러스는 독자적으로는 생존할 수 없고, 반드시 숙주세포에 기생해야 한다. 숙주세포에 기생해야 하므로, 바이러스는 목표로 하는 세포에 침입하는 능력이 매우 탁월하다. 바이러스의 주요 임무는 숙주세포에 침입해서 그 안에서 증식한 뒤 숙주세포를 깨고 나와 또 다른 숙주세포에 침입하

---

• https://www.fda.gov/news-events/press-announcements/fda-approves-first-gene-therapy-treat-adults-hemophilia-b

는 것이다. 과학자들은 바로 이 바이러스의 숙주세포 침입 능력에 주목
했다.

바이러스 중에는 인간 세포에 침입하기는 하지만 별다른 해는 끼치
지 않는 바이러스도 있다. 아데노 관련 바이러스Adeno Associate Virus, AAV가
대표적이다. 전달체로 사용하려는 바이러스가 인체에 해를 끼친다면,
바이러스의 특정 유전자를 없애서 인체에 해를 끼치는 능력은 빼고 인
간 세포에 침입하는 능력만 남긴다. 이런 치료용 유전자의 전달체로 쓰
이는 바이러스를 벡터vector라고 부른다.

바이러스를 운반체로 활용하는 방법은 다음과 같다. 먼저 바이러스
유전자에 치료용 유전자를 끼워 넣은 뒤 체내에 주입한다. 그러면 바이
러스가 치료용 유전자를 세포 안의 핵까지 끌고 들어간다. 치료용 유전
자는 핵 안의 생체 시스템을 이용해 mRNA로 만들어지고, 세포질에서
mRNA는 단백질로 만들어진다. 그러니까 치료용 유전자인 혈액응고인
자 유전자에서 혈액응고인자 단백질이 만들어지는 것이다.

벡터로 사용되는 아데노 관련 바이러스는 인체에 해가 없을뿐더러,
인체 세포 안에 들어가면 복제가 일어나지 않는다. 특이하게도 아데
노 관련 바이러스는 또 다른 아데노 바이러스의 도움을 받지 않으면 복
제되지 않기 때문이다. 그러므로 아데노 관련 바이러스를 벡터로 이용
해 치료용 유전자를 인체에 주입하면 아데노 관련 바이러스가 일정 기
간 핵 안에서 머물면서 치료용 유전자로부터 치료용 단백질이 만들어
진다.

B형 혈우병 치료제의 경우 임상 3상 시험 결과, 1회 투여로 24개월
간 약효가 지속되는 것으로 나타났다.

빈혈은 헤모글로빈 유전자가 고장나서 발병하므로, 헤모글로빈 유전자를 직접 세포 안에 전달하면 좋은 치료제가 될 것이다. 그런데 치료용 유전자를 몸 안으로 전달하는 게 아니라, 몸속에서 특정 세포를 꺼내어 활용할 수도 있다.

혈액 줄기세포는 적혈구를 만드는 세포로, 적혈구는 헤모글로빈을 만든다. 그러므로 우선 환자의 혈액에서 혈액 줄기세포를 분리하고, 렌티 바이러스를 벡터로 이용해 헤모글로빈 유전자를 혈액 줄기세포에 넣는다. 바이러스를 벡터로 이용한다는 점은 혈우병 치료제와 같지만, 빈혈 치료제는 치료용 유전자를 몸 밖에서 분리한 혈액 줄기세포의 핵 안에 있는 인간 DNA에 삽입한다는 점이 다르다. 치료용 유전자가 있는 혈액 줄기세포를 환자의 몸 안에 다시 넣으면 환자의 몸 안에서 정상적인 헤모글로빈이 생성된다. 혈우병 치료제와 가장 큰 차이점은 치료용 유전자를 환자의 몸 밖에서 주입한다는 점인데, 이를 엑스 비보ex-vivo라고 한다.

또 치료용 유전자를 인간 DNA에 삽입한다는 점도 차이점이다. 일단 치료용 유전자가 인간 DNA에 삽입되면 DNA가 복제될 때마다 같이 복제된다. 즉 치료용 유전자가 사라지지 않고 영구적으로 남는다는 뜻이다. 따라서 이런 방식의 치료제는 한 번만 치료받아도 효과가 영구적이다.•

--------------------------------------------------

• https://www.fda.gov/news-events/press-announcements/fda-approves-first-cell-based-gene-therapy-treat-adult-and-pediatric-patients-beta-thalassemia-who

앞에서 설명한 유전자 치료법은 모두 치료용 유전자를 몸 안으로 전달하는 방식으로, 치료용 유전자가 몸 안에서 치료용 단백질을 만든다. 흥미롭게도 유전자 치료에는 치료용 유전자를 전달하거나 삽입하는 것뿐 아니라 제거하거나 대체하는 방식도 있다. 이는 혁신적인 바이오 기술인 유전자 가위 덕분이다.

# 유전자를 없애거나 넣거나 바꾼다면

코로나19 대유행은 전 세계에 바이러스의 위험성을 각인하는 계기가 됐다. 코로나19 바이러스는 인간을 감염시켰지만, 그에 앞서 박쥐를 감염시켰고, 중간 매개체로 추정되는 멸종 위기 동물인 천산갑을 거쳐 인간에 이르렀다. 코로나19 바이러스처럼 사람과 동물을 모두 감염시키는 바이러스를 인수人獸 공통 바이러스라고 부른다.

사람이나 동물 말고도 식물이나 세균을 감염시키는 바이러스도 있다. 담배 모자이크 바이러스는 담배나 토마토 등 식물만 감염시키는 대표적인 식물 바이러스다. T4 바이러스는 세균만 감염시키는 세균 바이러스로, 세균만 감염시키는 바이러스를 박테리오파지bacteriophage라고 한다. 박테리오는 세균, 파지는 먹는다는 말로 박테리오파지는 세균을 먹는 바이러스라는 의미다.

생명체는 나름의 생존 전략을 구사한다. 인간처럼 수많은 세포로 구성된 고등 생물이 아닌 단세포, 즉 하나의 세포로 이루어진 세균도 바이러스의 침입에서 살아남을 방법을 찾는다. 바이러스가 세균에 침입하면, 다시 말해 세균이 바이러스에 감염되면 세균은 바이러스의 DNA를 잘라내 침입한 바이러스를 죽인다.

과학자들은 세균의 방어 기전에 주목했다. 세균에서 특정한 단백질이 바이러스 DNA의 특정 부위를 인식하고 절단하는 시스템을 발견하고 이를 발전시킨 것이 크리스퍼 유전자 가위다. 유전자 가위는 유전자 교정gene editing의 별칭으로, 크리스퍼 유전자 가위의 원리를 발견한 과학자들은 2020년에 노벨 화학상을 수상했다.

크리스퍼 유전자 가위는 크게 두 가지 물질로 구성된다. 특정 유전자를 잘라내는 절단 단백질과 절단 단백질을 특정 유전자까지 끌고 가는 짧은 길이의 RNA(안내 RNAGuide RNA) 조각이다. 단백질이 유전자를 자르는 가위 역할을 하고, RNA가 일종의 안내 역할을 하는 것이다.

크리스퍼 유전자 가위의 작동 원리는 다음과 같다. 우선 안내 RNA가 목표로 하는 유전자와 결합한다. DNA와 DNA, DNA와 RNA는 서로 상보적으로 결합하기 때문에 목표 유전자의 염기 서열을 알면 이 유전자에 결합하는 안내 RNA를 만들 수 있다. 그러면 가위 역할을 하는 Cas9 단백질이 목표 유전자를 자른다. 이렇게 DNA가 절단되면, 세포 내에서 DNA 복구repair 기전이 작동한다. DNA 복구란 잘린 DNA를 다시 붙이는 것인데, 잘린 상태를 그대로 붙이면 아무런 치료 효과가 없다.

바로 여기서 DNA 복구의 묘미를 찾을 수 있다. DNA 복구 기전이 작용할 때 생체 시스템은 주변에 남아도는 염기 몇 개를 잘린 부위에 붙여 돌출된 형태로 만든다. 반듯하게 잘려 밋밋한 것보다는 돌출 형태여야 더 잘 붙기 때문이다. 그런데 몇 개의 염기를 추가로 붙였기 때문에 유전자의 염기 서열이 잘리기 전과는 달라진다. 염기 서열이 변하면 이 유전자는 원래의 기능을 하지 못한다. 즉 목표로 했던 유전자의 기능을 끌 수 있는 것이다. 이는 병을 일으키는 원인 유전자를 제거하거나 그 기능을 없앨 때 유용하다. 이런 유전자 교정법을 NHEJ Non Homologous End Joining라고 한다.

다른 방식도 가능하다. 염기를 잘라 돌출 부위가 생성되면 세포 안에 교체하려고 하는 유전자를 넣는 것이다. 그러면 우리 몸에서는 이 유전자를 주형template으로 삼아 잘린 부위와 연결할 때 우리가 원하는 유전자를 끼워 넣는다. 이 방법은 비정상적인 유전자를 정상 유전자로 교체할 때 유용하다. 이런 식의 유전자 교정을 HDR Homolgy Directed Repair이라고 한다.

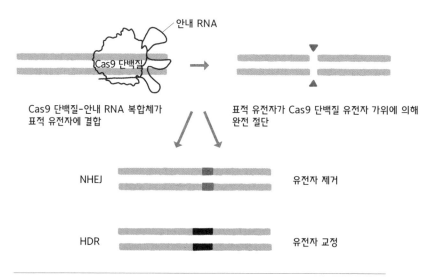

크리스퍼 유전자 가위

그런데 HDR을 통해 원하는 유전자로 교체될 확률은 10퍼센트 정도에 불과하다. 즉 치료 효율이 떨어진다. 이런 문제점을 극복하기 위해 차세대 유전자 가위로 불리는 프라임 교정prime editing 기술이 나왔다. 프라임 교정은 바꾸려고 하는 유전자를 RNA 형태로 안내 RNA에 붙인다. 그러면 안내 RNA에 붙은 RNA가 역전사 효소에 의해 DNA로 전환되고, 이 DNA를 주형으로 삼아 잘린 부위를 봉합할 때 바꾸려는 유전자가 들어간다. 이 과정에서 RNA를 DNA로 전환하기 위해 미리 역전사 효소를 Cas9 단백질에 붙여준다.

프라임 교정은 앞서 설명한 HDR 방식보다 특정 유전자를 교체하는 효율이 훨씬 높고 응용 범위도 넓다. 우리 몸에는 분열하는 세포도 있지만 분열하지 않는 세포도 있다. 프라임 교정은 분열하는 세포와 분열하

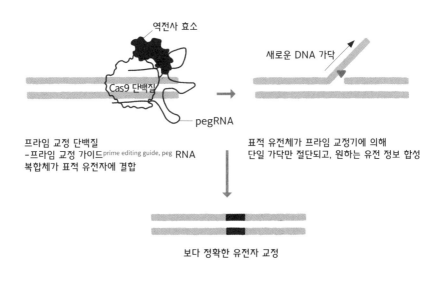

역전사 효소

새로운 DNA 가닥

Cas9 단백질

pegRNA

프라임 교정 단백질
-프라임 교정 가이드prime editing guide, peg RNA
복합체가 표적 유전자에 결합

표적 유전체가 프라임 교정기에 의해
단일 가닥만 절단되고, 원하는 유전 정보 합성

보다 정확한 유전자 교정

프라임 교정기

1장 바이오 테크놀로지의 세계에 오신 걸 환영합니다

지 않는 세포에 모두 적용할 수 있다. 반면 HDR은 분열하는 세포에서만 일부 효과를 볼 수 있다. 하지만 프라임 교정이 장점만 있는 것은 아니다. 역전사 효소를 추가로 활용하기 때문에 크기가 커지는데, 크기가 커질수록 체내에서 목표로 하는 유전자에 전달하기가 힘들어진다.

또 다른 방법도 있다. 목표로 하는 유전자를 제거하거나 교체하는 것이 아니라, DNA 염기 하나만 바꾸는 것이다. 이를 염기 교정base editing이라고 한다. 염기 교정은 크게 아데닌 염기 교정과 시토신 염기 교정으로 나뉜다. 인간의 DNA는 두 가닥으로 되어 있고 두 가닥의 DNA는 염기끼리 서로 상보적으로 결합한다. 즉 아데닌은 티민과 결합하고, 구아닌은 시토신과 결합한다. 그러니까 한쪽 가닥의 아데닌은 반대편 가닥의 티민과 결합하고, 구아닌은 시토신과 결합하는 것이다.

그런데 유전 질환 중에는 돌연변이가 일어나 구아닌이 아데닌으로 바뀌는 경우가 있다. 이럴 때 유용하게 쓰이는 것이 아데닌 염기 교정이다. 아데닌 염기 교정은 아데닌 염기 한 개를 구아닌으로 바꿀 때 사용한다. 아데닌 염기 교정에는 기존의 안내 RNA와 Cas9에 더해 아데닌 교정 역할을 하는 단백질이 하나 더 추가된다. TadA라는 단백질은 아데닌에서 아민amine기를 떼어내는데, 아민기가 떨어진 아데닌을 이노신inosine이라고 한다. 생체 시스템은 이노신을 구아닌으로 여기므로, 염기 서열을 잘라 돌출 부위가 생성되어 봉합될 때는 이노신을 주형으로 삼아 반대편 DNA 가닥에 시토신이 만들어진다. 그다음으로는 시토신을 주형으로 삼아 구아닌이 만들어진다. 결과적으로 목표로 했던 아데닌이 구아닌으로 바뀌는 것이다.

유전자 가위 치료제를 이용할 때 가위 역할을 하는 Cas9 단백질은 단백질이 아닌 DNA 형태로 몸에 주입한다. 즉 유전자 가위를 Cas9 DNA와 안내 RNA 형태로 넣는다. 이 지점에서 유전자 가위 치료제는 앞서 설명한 유전자 치료제와 공통점이 있다. Cas9 DNA와 안내 RNA 를 세포 안까지 전달할 전달체가 필요하기 때문이다. 현재 유전자 가위 치료제의 전달체로는 유전자 치료제의 전달체로 활용됐던 AAV(아데노 관련 바이러스)가 사용된다.

AAV는 좋은 전달체이긴 하지만, 문제점이 없는 것은 아니다. AAV 에 치료용 유전자를 탑재하는 것과 유전자 가위 유전자를 탑재하는 것 은 차원이 다른 이야기다. 유전자 가위 시스템은 안내 RNA 이외에 단 백질인 Cas9 유전자도 포함하기에 AAV에 실어야 할 유전자 총량이 많 다. AAV로서는 원래 자신의 유전자도 아닌 남의 유전자를 싣는 데다 짐이 커질수록 좋을 리가 없다. 다시 말해 AAV는 전달할 수 있는 유전 자의 크기가 제한적인데, 유전자 가위 시스템은 용량이 커서 AAV가 효 율적으로 전달하기 힘들다.

프라임 교정의 경우에도 역전사 효소 추가로 인한 크기 증가로 전달 효율 문제가 더 심각하다. 이런 문제를 해결하기 위해선 크기가 작은 유 전자 가위가 필요하다. 국내 바이오 기업 진코어Genkore는 기존의 Cas9 단백질의 3분의 1 정도 크기인 Cas12f1 단백질을 이용한 유전자 가위를 개발했다. Cas12f1 단백질도 Cas9처럼 DNA를 잘라내는 역할을 하는

--------------------------------------------------

- Do Yon Kim 외, Efficient CRISPR editing with a hypercompact Cas12f11 and engineered guide RNAs delivered by adeno-associated virus, 《Nature Biotechnology》, 2022. 1.

데, Cas12f1 시스템에도 문제가 있어서 자연계에 존재하는 안내 RNA의 효율이 매우 낮다.

진코어는 자연계에 존재하는 와일드 타입<sup>wild type</sup>의 안내 RNA를 엔지니어링해 안내 효율을 대폭 높였다. Cas9이나 Cas12f1 모두 세균에 있는 방어 시스템으로, 안내 RNA도 자연계에 존재한다. 안내 RNA는 Cas9이나 Cas12f1과 같이 절단 단백질과 결합하는 부위와 목표로 하는 유전자에 결합하는 부위로 크게 나눌 수 있다. 자연에 존재하는 안내 RNA는 Cas12f1과 결합하는 부위의 결합력이 낮은 문제가 있는데, 진코어에서는 염기 서열을 수정해 결합력을 높였다. 이렇게 만든 Cas12f1 유전자 가위로 DNA 염기 서열을 단 한 개 수준에서 교정할 수 있었다.•

유전자 교정 기술은 다양한 방식으로 발전하고 있고, 지금도 기술 진화는 진행 중이다. 이런 측면에서 바이오업계는 유전자 교정 기술을 활용한 신약이 곧 개발될 것으로 기대하고 있다.

--------------------------------------------------

• Do Yon Kim 외, Hypercompact adenine base editors based on transposase B guided by engineered RNA, 《Nature Chemical Biology》, 2022. 8. 1.

# 체내 치료 vs 체외 치료, 당신의 선택은?

혈액응고인자에 문제가 생겨 발병하는 B형 혈우병과 마찬가지로, 적혈구가 낫 모양으로 변하는 겸상 적혈구 빈혈증이나 지중해성 빈혈증은 적혈구 내 헤모글로빈에 이상이 생겨 발생하는 유전병이다. 지중해성 빈혈을 치료하는 유전자 치료제 진테글로<sup>zynteglo</sup>는 2022년 8월에, B형 혈우병 치료제 헴제닉스<sup>hemgenix</sup>는 같은 해 12월에 미국 FDA의 승인을 받았다.

한편 겸상 적혈구 빈혈증과 지중해성 빈혈증을 치료하는 유전자 가위 치료제를 개발한 한 해외 기업에서는 2023년 3월 미국 FDA에 승인을 신청했다. 이 약이 FDA의 승인을 받으면 세계 최초의 유전자 가위 치료제가 되는 셈이다. 이 치료제는 환자의 몸에서 혈액 줄기세포를 추출한 뒤, 유전자 가위로 헤모글로빈 생성을 막는 유전자 BCL11A의 기능을 억제하는 엑스 비보 방식이다. 반면 인 비보 방식의 유전자 가위 치료제는 아직 임상시험 초기 단계로, 임상에서 성공하면 FDA에 승인을 신청할 예정이라고 한다.

유전자 치료제든 유전자 가위 치료제든, 제 기능을 못 하는 유전자의 기능을 되살리는 점은 같지만 그 과정이 좀 다르다. 또 엑스 비보나 인 비보도 불량 유전자를 손본다는 점에서 마찬가지이지만, 과정이 다르다. 그렇다면 환자의 입장에서는 어떤 치료 방법이 더 효율적일까? 일단 엑스 비보는 환자의 몸에서 세포를 꺼내야 하므로 과정이 복잡하다. 또 환자의 건강 상태에 따라서는 세포를 추출하지 못할 수도 있다.

현실적으로 인간의 몸에서 꺼낼 수 있는 줄기세포는 혈액 줄기세포가 유일하다. 혈액 줄기세포는 조혈모세포로 불리는데, 골수에 존재하지만 약물 처리를 거치면 혈액으로 끄집어낼 수 있어서 혈액을 채취한 다음 혈액에서 혈액 줄기세포를 분리한다. 혈액 줄기세포는 적혈구와 백혈구 등 혈액세포를 만드는 줄기세포인데, 적혈구는 반감기가 매우 짧다. 그러므로 유전자 치료제나 유전자 가위 치료제를 인 비보로 적혈구에 유전자를 주입하거나 교정하려고 해도 얼마 지나지 않아 치료된 적혈구가 없어진다. 이 문제를 해결하기 위해 혈액 관련 유전질환은 혈액세포를 만드는 원천 세포인 혈액 줄기세포의 유전자를 교정하는 엑스 비보 방식을 선호한다. 또 엑스 비보는 세포를 몸 밖으로 꺼내 그 세포에만 유전자를 전달하거나 편집한다는 점에서 다른 세포를 건드릴 위험이 상대적으로 적다. 즉 부작용이 적다는 뜻이다.

반면 인 비보는 환자의 몸에서 특정 세포를 꺼내는 과정이 없기에 환자에게 더 편리하다. 인 비보 방식과 관련해 최근 임상시험에서 주목할 만한 결과가 나왔다. 하나는 트렌스티레틴 아밀로이드증transthyretin amyloidosis 이라는 유전병을 대상으로 간세포에 직접 유전자 가위를 전달하는 방식의 신약 후보 물질이다. 이 방법은 전달체로 지질 나노 입자 lipid nanoparticle를 사용했다.[•] 또 하나는 레버 선천성 흑암시 10형Leber congenital amaurosis type 10 유전병의 치료제로, AAV를 사용해 유전자 가위를 환자의 눈에 직접 전달하는 방식이다.[••]

인 비보 방식의 유전자 가위 치료제가 임상시험에서 긍정적인 결과를 낸다면 향후 이런 방식의 유전자 가위 치료제 개발을 고무하겠지만, 아직 기술적으로 해결해야 할 문제가 많다. 우선 유전자 가위가 체내에서 분해되지 않도록 해야 하며, 표적 세포 내에서만 유전자 가위를 작동시켜야 한다는 등의 문제가 있다. 인 비보 방식의 문제점을 해결하는 방법 중 하나는 목표로 하는 세포 안으로 유전자나 유전자 가위가 들어갈 때만 유전자가 발현되도록 만드는 것이다. 목표 세포가 간세포라면 유전자나 유전자 가위가 간세포에 들어가서야 작동하고 다른 세포에서는 작동하지 않도록 프로모터라는 장치로 조작하는 것이다.

프로모터는 표적이 아닌 오프 타깃off target 문제를 해결하기 위한 여러 방법 중 하나다. 이외에도 지금껏 생각지 못한 방법들이 연구되고 있다. 이런 일련의 노력은 더 나은 신약을 만드는 밑거름이 될 것이다.

--------------------------------------------------

[•] John Hoon Rim, Ramu Gopalappa, Heon Yung Gee, CRISPR-Cas9 In vivo gene editing for transthyretin amyloidosis, 《New England Journal of Medicine》, 2021. 10. 28.

[••] Morgan L. Maeder 외, Development of a gene-editing approach to restore vision loss in Leber congenital amaurosis type 10, 《Nature Medicine》, 2019. 1. 21.

# 배달 사고를 낸 배달부의 운명은?

　설이나 추석과 같은 명절이 다가오면 무척 바빠지는 곳이 바로 택배 회사다. 택배 회사는 대부분의 물건을 목표 장소로 정확하게 운송하지만, 간혹 실수를 할 때도 있다. 나도 어느 설 명절을 사흘 앞두고 모 유통업체에서 전화를 받은 적이 있다. 유통업체 측의 실수로 같은 선물을 두 개 보내서 하나는 택배 회사를 통해 회수해 가겠다며 연락이 온 것이었다.

　이렇듯 택배 회사가 물건을 잘못 배송하면 다시 가져가면 된다. 그런데 인체에 주입하는 약물이 목표 장소에 제대로 배달되지 못하고 엉뚱한 장소로 배송되면 어떨까? 몸에 주입한 약물은 다시 꺼낼 수 없다. 회수가 안 된다. 그래서 약을 인체에 주입할 때는 정확하게 목표로 하는 장소로 배달해야 한다. 또 배달부 자체가 문제를 일으켜서도 곤란하다. 배달부 역시 몸에 들어가면 회수할 수 없기 때문이다.

　앞에서 설명한 유전자 치료나 유전자 가위 기술은 치료 물질을 DNA나 RNA 형태로 몸에 주입한다. DNA와 RNA는 핵산인데, 핵산을 몸에 넣는다고 알아서 목표 장소로 이동하지 않는다. 그래서 배달부로 이용하는 것이 벡터라고 부르는 바이러스라고 했다. 유전자 치료제로 쓰이는 대표적인 바이러스는 AAV지만, AAV만 벡터로 쓰이는 것은 아니다. 앞서 소개했듯이 AAV는 아데노 관련 바이러스의 약자다. 그런데 아데노 바이러스도 벡터로 쓰인다.

코로나19 대유행 상황에서 누구나 한 번쯤은 코로나19 백신을 맞았을 것이다. 지금은 사용되지 않지만, 초창기 코로나19 백신 가운데 아데노 바이러스를 벡터로 사용한 백신이 있었다. 다국적 제약사 아스트라제네카가 개발한 백신은 아데노 바이러스를 벡터로 이용하는데, 벡터인 아데노 바이러스가 전달하려는 물체는 코로나19 바이러스의 DNA 가운데 스파이크$^{spike}$ 부위다. 코로나19 바이러스를 비롯해 바이러스는 기본적으로 유전물질과 유전물질을 감싼 껍데기 단백질로 구성된다. 스파이크는 코로나19 바이러스의 껍데기 단백질 가운데 하나로, 돌기처럼 생겼다. 코로나19 바이러스는 스파이크 단백질을 열쇠처럼 이용해 인간 세포의 자물쇠를 열고 세포 안으로 들어간다. 코로나19 백신의 원리는 코로나19에 감염되기 전에 미리 바이러스의 스파이크 부위를 몸에 주입해 스파이크에 대한 항체를 생성하는 것이다. 그러면 실세로 코로나19 바이러스에 감염됐을 때 이 항체가 즉각적으로 작동해서 바이러스가 세포에 침입하는 것을 막는다.

아스트라제네카의 아데노 바이러스 벡터 백신은 화이자나 모더나의 mRNA 백신보다 일찍 나왔기 때문에 초창기에 전 세계적으로 사용됐다. 그런데 이 백신을 접종한 사람들에게서 혈소판 감소성 혈전증과 같은 심각한 부작용이 보고되면서 사실상 사용이 금지됐다. 흥미롭게도 부작용의 원인으로 지목된 것이 바로 아데노 바이러스다. 벡터로 사용되는 아데노 바이러스는 AAV 등 다른 벡터보다 인체 내에서 강력한 면역 반응을 일으킨다. 대개 백신을 접종하면 몸에서는 백신 물질에 대한 면역 반응이 일어난다. 코로나19의 경우에는 스파이크 단백질에 대한 항체가 형성되는 것이 정상적인 인체 내 면역 반응이다. 그런데 아데노 바이러스의 경우 백신 물질인 스파이크 말고도 아데노 바이러스 자체에 대한 면역 반응도 함께 일어난다. 면역 반응이 약하면 별다른 문제가 없지만, 너무 강하게 일어나 부작용을 일으킨 것이다. 아스트라제네카의 아데노 바이러스 벡터 백신은 바이러스를 벡터로 이용할 때 안전성이 얼마나 중요한지 극명하게 보여주는 예다.

한편 AAV에는 AAV5, AAV8 등 번호가 붙어 있는데, 이 번호는 AAV가 주로 감염하는 세포에 따라 붙인다. 예를 들어 AAV2는 뼈 근육 세포, AAV5는 혈관내피세포, AAV8은 간세포를 주로 감염시킨다. 번호에 따라 AAV는 특정 세포를 주요 표적으로 삼는 것이다. 그런데 주로 특정 세포를 감염한다고 해서 다른 세포에 아예 감염되지 않는 것은 아니다. 배달 사고가 날 수 있다는 얘기다.

그렇다면 이 문제는 어떻게 극복할 수 있을까? 몸에 주입된 치료용 DNA가 제대로 작동하기 위해서는 DNA를 바탕으로 치료용 단백질이 만들어져야 한다. 단백질은 DNA, 그다음 RNA를 거쳐 만들어지는데, DNA에서 RNA가 만들어지기 위해서는 프로모터가 필수적이다. DNA가 RNA로 전사되려면 전사 인자들이 DNA에 달라붙어야 하는데, 프로모터는 어디서부터 전사해야 하는지 알려주는 일종의 시작점 역할을 한다. 따라서 프로모터가 없다면 전사는 이뤄지지 않고, 전사가 이뤄지지 않는다면 RNA에서 단백질이 만들어질 수 없다.

과학자들은 이 점에 착안해 벡터 바이러스가 목표로 하는 세포 안에 들어갔을 때만 프로모터가 작동하도록 만들었다. 그러니까 배달 사고가 나면 그 장소에서는 프로모터가 작동하지 않아 전사가 일어나지 않는다. 반대로 목표로 하는 장소에 정확히 배달되면 프로모터가 작동해 치료용 DNA에서 치료용 단백질이 원활히 만들어지는 것이다.

# 암세포를 정상 세포로 되돌린다면

어려운 가정 형편으로 온갖 아르바이트를 해가며 사법고시 시험을 준비하는 남자가 있다. 그래도 그를 응원해주는 여자 친구가 있어서 남자의 고시 준비를 지원한다. 세월이 흘러 남자는 사법 시험해 합격해 잘나가는 법무법인에 취직해 돈을 많이 버는 변호사가 된다. 그리고 그동안 자신을 뒷바라지했던 여자 친구와 결혼하기로 결심한다. 그런데 예기치 못하게 여자 친구가 말기 암에 걸린 것이다. 암이 이미 온몸으로 전이돼 더는 손쓸 방법이 없다는 의사의 진단에 남자와 여자는 하염없이 눈물을 흘린다. 이와 비슷한 얘기는 영화나 드라마에서 쉽게 접할 수 있다.

그만큼 암은 불치병의 대명사다. 특히 암이 원래 발생한 장기에서 다른 장기로 퍼지는 전이는 암의 치명률을 높이는 대표적인 요인이다. 어떤 사람이 폐암에 걸렸다면, 초기에는 폐에만 암 조직이 있지만 폐암 조직에서 암세포 일부가 떨어져 나와 혈관을 타고 점차 온몸으로 퍼진다. 암이 전이되기 시작한 것이다. 일단 전이가 시작되면 암세포가 혈관을 타고 온몸을 돌기 때문에 최종 종착지가 어디가 될지 예측하기 어렵다. 또 얼마나 많은 장기로 퍼질지도 알 수 없어서 치료하기도 힘들다. 그래서 암은 전이가 무섭다.

그런데 반전이 있다. 모든 폐암 세포가 처음부터 전이 능력을 지닌 것은 아니라는 사실이다. 폐암 세포는 초기에는 전이 능력이 없는 상피 세포 상태로 머물러 있다. 그러다가 암이 심해지면 전이 능력을 갖춘 중간엽 세포로 변화하는 것이다. 중간엽은 개별적인 이동성을 가진 상태다. 상피세포 상태의 폐암 세포가 중간엽 상태의 암세포로 변화할 때 중간 단계에 속하는 하이브리드 세포 단계를 거친다. 하이브리드 세포 상태에서는 약물에 대한 저항성이 커서 기존의 항암 치료제가 잘 듣질 않는다. 만약 전이 능력이 있는 중간엽 상태의 폐암 세포를 전이 능력이 없는 상피세포 상태의 폐암 세포로 되돌릴 수 있다면 어떨까? 더욱이 치료에 대한 저항성이 커진 하이브리드 단계를 아예 건너뛸 수 있다면 금상첨화일 것이다.

흥미롭게도 어떤 특정한 상황에서 암세포가 자발적으로 정상 세포로 되돌아가는 현상이 이미 100여 년 전에 관찰됐다. 1907년, 스위스 병리학자 막스 아스카나지Max Askanazy는 난소암 세포가 어떤 환경에서 자발적으로 정상적인 난소 세포로 변환되는 현상을 발견했다. 1960년대 미국 컬럼비아대학 로버트 폴락Robert Pollack은 독성 항암제를 처리한 후 살아남은 몇몇 암세포들이 다시 정상 세포의 성질을 일부 회복하는 것을 관찰했다.

영화에서나 가능할 것 같은 이런 일이 점점 현실화되고 있다. 국내 연구진은 중간엽 단계의 폐암 세포를 상피세포 단계의 폐암 세포

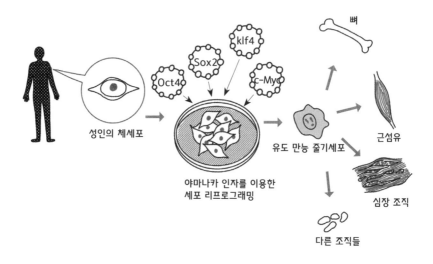

세포의 리프로그래밍 과정

로 되돌리는 데 성공했다고 밝혔다.[*] 이 과정에서 암의 증식에 관여하는 세 개의 핵심 유전자가 열쇠인데, 암 억제 유전자인 p53와 하이브리드 상태를 조절하는 유전자 SMAD4, 세포의 성장과 분화에 관여하는 ERK1/2다.

연구진은 인체 내 암 조직 환경에서 p53를 활성화하고 SMAD4와

--------------------------------------------------

● Namhee Kim 외, A cell fate reprogramming strategy reverses epithelial-to-mesenchymal transition of lung cancer cells while avoiding hybrid states, 《Cancer Research》, 2023. 3. 15.

ERK1/2를 억제함으로써 전이 능력을 지닌 중간엽 세포 상태를 상피세포 상태로 역전시킬 수 있음을 세포 실험에서 증명했다. 더욱 놀라운 점은 연구진이 암세포를 정상 세포로 되돌리는 일종의 역전환 원리를 입증한 것이 이번이 처음은 아니라는 것이다. 연구진은 앞서 지난 2020년 1월, 대장암 세포를 정상 대장 세포로 되돌린 연구 결과를 발표했다.●● 이어 2022년 1월엔 가장 악성인 유방암 세포를 호르몬 치료가 가능한 유방암 세포로 되돌리는 연구에 성공했다.●●● 세 연구는 서로 내용은 다르지만, 치료가 어려운 암을 치료가 가능한 상태로 되돌렸다는 점에서는 같다.

암세포를 정상 세포로 바꾸는 것처럼 세포의 특성이나 운명을 바꾸는 것을 리프로그래밍reprogramming이라고 한다. 이미 프로그래밍된 세포의 특성을 재설정한다는 의미다. 2012년, 일본 교토대학의 야마나카 신야山中伸弥 교수가 유도 만능 줄기세포의 원리를 발견한 공로를 인정받아 노벨 생리의학상을 받았다. 유도 만능 줄기세포는 피부 세포와 같은 성인의 체세포를 배아줄기세포와 유사한 상태로 되돌려 만든 줄기세포를 일컫는다. 배아줄기세포처럼 인체의 모든 세포로 분화할 수 있는데, 피부 세포와 같은 일반 세포를 줄기세포로 유도한 것이다. 세포는 줄기

--------------------------------------------------

●● Soobeom Lee 외, Network Inference Analysis Identifies SETDB1 as a Key Regulator for Reverting Colorectal Cancer Cells into Differentiated Normal-Like Cells, 《Molecular Cancer Research》, 2020. 1. 18.

●●● Sea R Choi 외, Network Analysis Identifies Regulators of Basal-Like Breast Cancer Reprogramming and Endocrine Therapy Vulnerability, 《Cancer Research》, 2022. 1. 15.

세포에서 일반 세포로 분화하기 때문에 야마나카가 수립한 유도 만능 줄기세포 기술을 다른 말로 역분화 기술이라고도 한다. 일반적인 세포의 분화와는 달리 거꾸로 분화시켰기 때문이다. 이처럼 일반 세포를 줄기세포 상태와 같은 유도 만능 줄기세포로 되돌리는 것이 대표적인 리프로그래밍으로, 일반 세포의 특성과 운명을 재설정해서 전혀 성격이 다른 줄기세포 상태로 바꿀 수 있다.

유도 만능 줄기세포에서 중요한 것이 역분화 인자라고 하는 네 개의 유전자로, Oct4, Sox2, Klf4, c-Myc다. 야마나카가 발견해서 야마나카 인자라고도 부르며, 다른 말로 리프로그래밍 인자라고도 한다.

야마나카 인자는 다양한 리프로그래밍 연구에 활용되는데, 하버드 의과대학 데이비드 싱클레어David Sinclair 교수 연구진은 2023년 1월에 국제 학술지 《셀》에 흥미로운 연구 결과를 발표했다.[*] 노화가 진행된 늙은 쥐를 젊게 만들면서 야마나카 네 개 인자 가운데 세 개(Oct4, Sox2, Klf4)를 활용했다. 유전자 주입 전에 생쥐는 뇌와 눈, 근육과 피부, 신장 조직 등이 모두 노화한 상태였지만, 세 개의 유전자를 주입한 후엔 시력과 뇌, 근육, 신장 세포 등 모든 기능을 회복했다. 싱클레어는 야마나카 인자를 사용하면서, 염기 서열을 바꾸지 않고 유전자의 발현을 조절하는 후성유전학epigenetics 에 주목했다.

후성유전학은 DNA에 메틸이라는 작은 분자가 달라붙어 특정 DNA

--------------------------------------------------

- Jae-Hyun Yang 외, Loss of epigenetic information as a cause of mammalian aging, 《Cell》, 2023. 1. 19.

의 발현을 조절하는 생물학적 현상을 연구하는 분야다. 만약 DNA상의 특정 위치에 메틸기가 달라붙어 특정 유전자가 발현되지 않는다면, 그 유전자는 결과적으로 기능을 잃은 셈이다. 싱클레어는 야마나카 인자로 늙은 쥐의 후성유전학적 기능 상실을 원래대로 되돌려 결과적으로 젊은 생쥐로 탈바꿈시켰다.

싱클레어의 연구팀 말고도 전 세계적으로 리프로그래밍 연구는 활발히 진행되고 있다. 리프로그래밍을 회춘에 활용할 수 있다고 보기 때문이다. 이런 이유로 리프로그래밍 연구에 천문학적인 투자금이 쏠리고 있으며, 이런 기술을 상용화하기 위한 회사도 우후죽순 설립되고 있다. 다만 리프로그래밍이 인간에게도 효과가 있는지는 아직 규명되지 않았다. 21세기 불로초로 불리는 리프로그래밍이 실제 인간에게 적용될 수 있다면, 인류는 오랜 꿈인 무병장수에 한 걸음 다가설 수 있을 것이다.

# 신약 개발 vs 이미지 포장

2020년과 2021년, 전 세계에서 가장 많이 팔린 의약품은 화이자-바이오엔테크가 개발한 코로나19 백신이다. 이는 mRNA 방식의 백신으로, mRNA 백신은 코로나19를 계기로 세계 최초로 상용화했다. 화이자-바이오엔테크에 이어 모더나도 mRNA 방식의 백신을 개발했다. 사실상 코로나19 백신은 화이자-바이오엔테크와 모더나의 mRNA 백신이 주종을 이룬다. 코로나19로 천문학적인 돈을 번 화이자-바이오엔테크, 모더나는 그 많은 돈을 어디에 투자할까? 각각의 회사는 여러 신약 개발 파이프라인이 있는데, 그 가운데 하나가 암 백신이다.

백신이라고 하면 코로나19 백신처럼 예방 목적의 백신을 떠올리기 쉽다. 여기서 말하는 예방이란, 감염병에 걸리기 이전에 백신을 접종해서 나중에 다른 사람으로부터 감염되지 않도록 막거나 감염되더라도 백신 접종의 효과로 병의 악화를 막는 것을 일컫는다. 코로나19 백신이나 독감 백신 등 대부분 백신이 여기에 속한다. 그렇다면 암 백신도 예방 목적의 백신일까? 자궁경부암의 경우 예방 목적의 백신이 있지만,

여기에서 말하는 암 백신은 예방이 아니라 치료 목적의 백신이다. 치료 목적의 백신은 암에 걸린 환자에게 주입해 암을 치료하는 백신으로, 사실상 일반적인 치료제와 같은 개념이다.

3세대 항암제로 불리는 면역 항암제는 일부 암종에서 탁월한 효과를 보이지만, 그나마도 암 환자의 30퍼센트 정도만 효과를 본다. 왜 그런지 그 이유를 살펴봤더니, 암 환자마다 유전자 돌연변이가 달라서 치료 효과가 환자에 따라 다르게 나타나는 것이다. 이런 유전자 돌연변이는 대부분 암세포 표면의 단백질로 인해 발현된다. 그런데 흥미로운 점은 암세포 표면 단백질 가운데 일부는 면역세포를 강하게 자극한다는 것이다. 바꿔 말하면 이런 암세포 표면의 단백질을 찾아내서 이를 백신처럼 접종하면 인체 면역세포를 자극해 암세포를 공격하도록 만들 수 있다. 이것이 바로 치료 목적의 암 백신이다.

이런 유전자 돌연변이는 개인마다 달라서, 암 백신은 기본적으로 개인 맞춤형 치료제다. 개인마다 유전자 돌연변이를 분석하고 그 가운데 면역세포를 가장 많이 자극할 만한 유전자 돌연변이를 찾아낸 후, 이 유전자 돌연변이를 mRNA 방식의 암 백신으로 만든다. 화이자-바이오엔테크와 모더나는 피부암의 일종인 흑색종을 대상으로 이런 방식의 암 백신을 개발하고 있다.

암세포 표면 단백질처럼 인체 면역세포를 자극하는 단백질을 다른 말로 항원antigen이라고 한다. 암 백신에 쓰이는 항원은 체내 면역세포를 강하게 자극하는 항원을 개인별로 새롭게 발굴하므로 신항원neo antigen이라고 하고, 그 백신은 신항원 암 백신이라고 한다. 화이자-바이오엔테크와 모더나가 신항원 암 백신을 개발하겠다고 밝히면서, 신항원 암

1장 바이오 테크놀로지의 세계에 오신 걸 환영합니다

백신은 전 세계적으로 암 치료제 분야의 뜨거운 이슈로 떠올랐다.

몸의 면역계에는 주조직 적합성 복합체Major Histocompatibility Complex, MHC라는 것이 있다. MHC는 암세포의 돌연변이에서 나온 단백질 조각과 결합해 정상 세포와 다른 항원을 만든다. 이런 항원을 T-세포가 인식하면 적군으로 인식해 공격한다. 면역세포의 하나인 T-세포는 각각의 세포 표면에 있는 MHC 분자를 인식해 이 세포가 원래 우리 몸의 세포인지 아닌지를 확인한다. 그러니까 MHC는 암세포인지 아닌지를 구별하는 인식표인 셈이다.

그 작용 기전을 구체적으로 살펴보면 다음과 같다. 암세포를 만들어내는 돌연변이 단백질 조각을 면역세포 가운데 하나인 대식세포가 먹는다. 그러면 대식세포는 세포 표면에 있는 MHCⅡ* 분자에 암세포 돌연변이 단백질을 결합한다. 이후 면역세포의 하나인 T-세포가 대식세포의 암세포 돌연변이 단백질을 인식하고, 이 단백질을 가진 암세포를 공격하게끔 다른 면역세포에 지시한다. 대식세포와 같이 T-세포에 공격해야 할 대상을 제시해주는 세포를 항원 제시 세포antigen presenting cell 라고 한다.

삼성서울병원과 카이스트, 바이오 기업 펜타메딕스는 신항원을 발굴하고 항암 효과를 예측하는 인공지능 딥 러닝 모델을 개발했다.** 연구진은 대식세포의 암세포 돌연변이 단백질, 즉 신항원 가운데 어떤 것

---

* MHCⅡ는 대식세포 등 항원 제시 세포에, MHCⅠ은 일반 세포에 존재한다.
** Jeong Yeon Kim 외, MHCⅡ immunogenicity shapes the neoepitope landscape in human tumors, 《Nature Genetics》, 2023. 2.

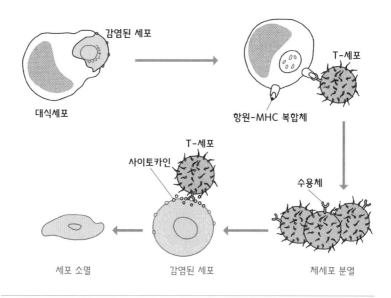

**인체의 면역 반응**

이 T-세포의 면역 반응, 즉 다른 면역세포에 암세포를 공격하라는 지시를 강력하게 유도할 수 있는지 예측하는 인공지능 알고리즘을 개발했다. 신항원 가운데 10퍼센트만이 T-세포의 면역 반응을 일으킨다는 연구 보고가 있는 만큼, 실제로 어떤 신항원이 T-세포의 면역 반응을 잘 일으킬지 예측하는 것은 매우 중요하다.

신항원 암 백신이 아주 흥미로운 항암 전략이긴 하지만, 우선 신항원을 발굴해야 백신 제작이 가능하다는 단점이 있다. 신항원을 발굴하기 위해서는 환자의 유전자를 분석하는 기술과 분석한 유전자의 인체 면역세포 자극 능력을 예측하는 기술이 필요하다. 전자는 유전자 분석의 영역이고, 후자는 인공지능의 영역이다. 인공지능을 이용하려면 기본적으로 인공지능을 학습시킬 데이터가 있어야 한다. 기존의 유전자 분석 업체들은 유전자 분석에 따른 유전자 정보를 보유하고 있고, 이를 통해 인공지능을 학습시킬 수 있다. 이러한 업체가 인공지능 기술 업체와 협력해 신항원의 면역세포 자극 예측 프로그램을 개발하면, 발굴한 신항원을 암 백신으로 개발하는 것은 기존의 백신 개발 회사가 맡는다. 상당히 흥미로운 협업 구조다.

유전자 분석 업체의 경우 포화 상태에 이른 유전자 분석 분야를 넘어서 새로운 비즈니스를 창출할 수 있으므로 신항원 암 백신은 매력적인 분야일 것이다. 더구나 신항원 암 백신을 개발한다고 하면 기존의 유전자 분석 회사에서 신약 개발 회사로 탈바꿈할 수 있다. 그래서인지 한국의 유전자 분석 업체들이 신항원 암 백신 개발에 너나없이 나서고 있다. 대부분은 탄탄한 실력을 바탕으로 신항원 백신을 개발하려는 순수한 의도겠지만, 시류에 편승해 이미지를 포장하거나 주가를 띄우려는 기업도 있을 것이다. 과연 누가 진짜이고 누가 가짜인지는 시간이 밝혀주리라 믿는다.

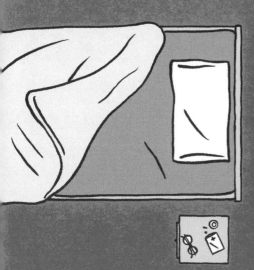

# 바이오테크놀로지, 만능 해결사가 될 것인가

# 연인과 이별한 슬픔을 잊을 수 있다면

〈에이스 벤추라〉로 일약 스타 반열에 오른 할리우드 배우 짐 캐리는 코믹 연기의 달인이지만, 연인과 이별 후 연인과의 추억을 반복적으로 삭제하는 내용을 다룬 영화 〈이터널 선샤인〉에서 진지한 역할을 선보이기도 했다. 한편 영화 〈토탈 리콜〉에 서는 고객이 원하는 기억을 심어주는 리콜 회사가 등장한다. 이외에도 기억을 소재로 다룬 할리우드 영화는 수없이 많다. 이처럼 힐리우드가 기억을 영화 소재로 활용하는 이유는 인류가 그만큼 기억에 관심이 많기 때문이다. 그렇다면 영화에서처럼 특정한 기억을 지우거나 다른 기억으로 대체하거나 잃어버린 기억을 되살리는 것이 현실에서도 가능할까?

〈이터널 선샤인〉(2004) ⓒIMDB

2014년, 미국 MIT 연구진은 흥미로운 실험을 진행했다.[*] 수컷 쥐에 전기 자극을 가한 뒤 이 전기 자극을 기억하는 신경세포가 빛에 반응하도록 조작했다. 그러고 나서 A라는 공간을 수컷 쥐가 지나갈 때마다 빛을 쪼여주었다. 그러자 전기 자극을 기억하는 신경세포가 빛에 반응하면서 전기 자극이라는 나쁜 기억이 떠올라, 쥐는 A공간을 피하는 반응을 보였다. 이번에는 수컷 쥐와 암컷 쥐를 함께 있도록 한 뒤 일정 시간 빛을 쪼였다. 그런 다음 이 수컷 쥐를 A공간에 다시 보내자, 수컷 쥐는 A공간을 피하지 않았다. 전기 자극이라는 나쁜 기억이 암컷 쥐와의 좋은 기억으로 대체됐기 때문이다.

MIT 연구진은 뇌에서 기억을 담당하는 해마와 감정을 담당하는 편도체 사이의 연결이 바뀌면서 기억에 대한 감정이 바뀐 결과라고 설명했다. 이 실험에서 핵심은 특정 신경세포가 빛에 반응할 수 있도록 조작한 것이다.

원시 생물인 녹조류는 해조류의 일종으로 엽록소가 많이 들어 있어 녹색을 띠는데, 녹조류에는 채널 로돕신이라는 단백질이 있다. 채널은 통과한다는 뜻이고, 로돕신은 빛과 관련된 단어다. 빛을 받으면 채널 로돕신이 열리고, 빛이 없으면 열리지 않는다.

과학자들이 주목한 것이 바로 이 지점이다. 빛으로 채널 로돕신의 개폐를 조절해 특정 세포의 활성을 조절하면 어떨까? 이를 신경세포에

---

• Roger L. Redondo 외, Bidirectional switch of the valence associated with a hippocampal contextual memory engram, 《Nature》, 2014. 8. 27.

적용하면, 채널 로돕신 유전자를 신경세포에 주입해 신경세포의 세포막에서 채널의 개폐를 빛으로 조절할 수 있다는 말이 된다. 신경세포의 채널이 열리면 세포 안으로 칼륨 이온과 같은 양이온이 쏟아져 들어오고, 세포 안으로 양이온이 들어오면 세포 안과 밖의 전위차가 발생해 신경세포가 흥분한다. 즉 신경세포가 활성화되는 것이다. 신경세포는 전위차가 발생해 흥분하면 신경망을 통해 인접한 신경세포들끼리 즉시 신호를 전달한다. 이를 통해 뇌는 사물을 인지하고 지각하고 감정을 느끼고 기억한다.

미국 스탠퍼드대학의 칼 다이서로스Karl Deisseroth 교수는 2005년 뇌 신경세포에 채널 로돕신을 이식해 빛으로 신경세포를 조절할 수 있음을 증명했다.** 채널 로돕신을 스위치처럼 이용해 원하는 신경세포를 활성시키거나 끄는 기술을 광유전학opto genetics이라고 부른다. 빛과 유전공학의 콜라보라고 해석할 수 있다. 광유전학 기술을 인체에 활용하려면 두 가지 선결 과제가 있다. 채널 로돕신 유전자를 목표로 하는 세포에 전달해야 하고, 채널 로돕신 유전자가 삽입된 세포에 빛을 효율적으로 전달해야 하는 것이다.

채널 로돕신 유전자를 특정 세포에 전달하는 것은 앞서 살펴본 유전자 치료 기술과 비슷한 방법을 이용했다. 즉 바이러스를 유전자의 전달체로 이용해 채널 로돕신 유전자를 뇌 신경세포인 뉴런에 삽입한 것이

--------------------------------------------------

** Edward S. Boyden 외, Millisecond-timescale, genetically targeted optical control of neural activity, 《Nature Neuroscience》, 2005. 8. 14.

다. 그러면 채널 로돕신 유전자가 신경세포 안에서 발현돼 신경세포 막에 로돕신 채널을 형성한다. 한편 빛을 전달하는 문제는 광섬유로 해결했다.

다이서로스 연구진은 생쥐를 대상으로 실험했는데, 생쥐의 두개골을 뚫어 광섬유를 연결하고 특정 파장의 빛을 쪼이면 이 빛에 채널 로돕신을 이식한 특정 신경세포가 반응하는 원리다. 다시 말해 바이러스를 전달체로 이용해 유전자를 특정 세포에 이식하고, 빛의 전달은 광섬유를 이용했다. 현재 유전자 치료에서도 바이러스를 전달체로 이용한다. 따라서 바이러스가 인체 부작용을 일으키지 않는다는 안전성만 입증된다면 광유전학 기술에서 바이러스를 전달체로 이용하는 것은 큰 문제가 되지 않는다. 다만 목표로 하는 세포에만 유전자를 정확하게 전달하는 기술은 좀 더 정교하게 가다듬을 필요가 있다.

문제는 빛을 전달하는 방법이다. 생쥐의 경우 두개골을 뚫고 광섬유를 연결할 수 있지만, 실제 인간에게 그렇게 하는 것은 불가능하다. 이 문제를 해결하기 위해 과학자들은 다양한 방법을 연구하고 있다. 2017년, 미국 텍사스 A&M대학 박성일 연구진은 생쥐의 뇌에 초소형 LED 장치를 심어 빛을 전달하는 방식의 광유전학 기술을 실험했다.•
연구진은 우선 광유전학 기술을 이용해 선호와 관련된 감정은 파란색 빛에 반응하고, 혐오에 관여하는 감정은 녹색 빛에 반응하도록 신경세

--------------------------------------------------

• Sung Il Park 외, Stretchable multichannel antennas in soft wireless optoelectronic implants for optogenetics, 《PNAS》, 2016. 11. 28.

포를 조작했다. 이후 생쥐의 뇌에 초소형 LED를 심고 무선 통신으로 LED를 켜 빛을 쪼여주었다. 그랬더니 생쥐는 파란 빛에는 편안해하고, 녹색 빛에는 불안해했다.

한편 광주과학기술원 이종호 연구진은 2021년에 체내에 삽입한 태양전지에서 전력을 만들어 뇌에 삽입한 발광 다이오드 소자를 구동시키는 방식의 기기를 개발했다.[**] 연구진은 생쥐 실험에서 피부 아래 삽입된 상태에서 전력을 생산하는 근적외선 기반의 무선 전력 발생 기기를 만들었고, 피부에 삽입된 태양전지와 뇌에 삽입된 광원을 연결했다. 연구진은 개발한 장치를 이용해 생쥐의 수염을 앞뒤로 움직이게 하는 뇌 부위를 빛으로 조절해 수염이 앞뒤로 정확하게 움직이는 사실을 확인했다.

2021년, 미국 피츠버그대학 연구진도 매우 흥미로운 연구 결과를 발표했다.[***] 망막색소변성증은 빛을 전기신호로 바꿔주는 광수용체 세포가 제 기능을 하지 못해 발병하는 유전병인데, 연구진은 붉은빛에 반응하는 유전자를 환자의 눈에 바이러스를 이용해 주입했다. 그러자 붉은빛을 인지하는 단백질이 세포막에 만들어졌고, 환자에게 외부 시각 자극을 붉은빛 신호로 바꿔 눈에 전달하는 특수 안경을 씌웠다. 그랬더니

--------------------------------------------------------

[**] Jinmo Jeong 외, An implantable optogenetic stimulator wirelessly powered by flexible photovoltaics with near-infrared (NIR) light, 《Biosensors and Bioelectronics》, 2021. 5. 15.

[***] José-Alain Sahel 외, Partial recovery of visual function in a blind patient after optogenetic therapy, 《Nature Medicine》, 2021. 5. 24.

2장 바이오 테크놀로지, 만능 해결사가 될 것인가

환자들은 눈을 통해 지우개 크기의 작은 물체도 인식했다. 이 연구는 인간을 대상으로 한 광유전학 임상시험에서 효과를 본 최초의 연구라는 점에서 의의가 있다.

이렇듯 광유전학 기술은 유전공학에 기초를 둔 기술이지만, 인체에 삽입할 수 있는 소재 공학, 안정적인 빛 전달과 전력을 구현하는 전자공학 등 다양한 학문과 융합해야 한다. 이런 융합 연구가 활성화할수록 광유전학 기술을 실제 인간에게 상용화하는 시기도 앞당겨질 것이다.

# 먹다 남은 깍두기에서 찾은 범인의 단서

지난 2012년 10월, 청주의 한 해장국집에서 60대 여성 종업원이 살해됐다. 사건이 일어난 날 마지막으로 식사하러 온 손님이 범인으로 밝혀졌는데, 범행 현장에는 범인에 대한 결정적인 단서가 없었다. 범인이 자신의 흔적을 치밀하게 제거했기 때문이다. 미궁으로 빠질 뻔한 사건이 해결된 것은 의외의 물건에서 찾은 단서 덕분이었다. 바로 범인이 먹다 남긴 깍두기였다. 사람이 음식을 먹으면 음식에 구강세포가 남는다. 경찰은 먹다 남은 깍두기에 남아 있는 범인의 구강세포에서 DNA를 추출해, 이를 근거로 범인을 잡아낸 것이다.

이외에도 피 한 방울로 10년 전 미제 사건을 해결했다는 기사는 사회면에서 종종 볼 수 있다. 이런 경우에 범인을 검거하는 핵심은 단연 범인이 남긴 DNA다. 그런데 범인이 현장에 무심코 남긴 DNA만으로는 범인을 검거할 수 없다. DNA 양이 너무 적기 때문이다. 따라서 범죄 현장에서 채취한 극미량의 DNA로 범인을 잡아내기 위해서는 분석할 수 있을 정도로 DNA의 양을 늘려야 한다. DNA를 증폭해야 한다는 말이

2장 바이오 테크놀로지, 만능 해결사가 될 것인가

다. 그렇다면 DNA는 어떻게 증폭할 수 있을까?

모든 생물은 DNA와 DNA를 복제하는 생체 단백질을 지닌다. DNA를 복제한다는 말은 하나의 DNA가 2개가 된다는 의미다. 하나의 세포가 분열해 2개의 세포로 될 때 DNA는 복제된다. 그래야 분열한 세포에도 유전물질인 DNA가 존재할 것이다. DNA를 복제하는 효소를 중합 효소polymerase라고 하는데, 생물학에서 −ase로 끝나는 물질은 효소를 뜻한다. 효소는 생체에서 일어나는 반응을 빠르게 일어나도록 해주는 일종의 생체 촉매다.

미국의 과학자 캐리 멀리스Kary Mullis는 중합 효소를 이용해 DNA를 증폭하는 기술을 개발했다.* 중합 효소로 반복해서 DNA를 증폭해서 양을 늘리는 기술을 PCR이라고 하는데, Polymerase Chain Reaction의 약자다. 중합 효소가 반복적으로 DNA를 복제한다는 뜻이다. PCR에 쓰인 중합 효소는 인간의 중합 효소가 아니다. PCR에는 Taq가 이용되는데, Taq는 세균인 테르무스 아쿠아티쿠스Thermus aquaticus가 이용하는 중합 효소다. 이 세균은 그리스어로 열을 뜻하는 thermus라는 이름에서 알 수 있듯이 섭씨 122도의 고온에서도 살 수 있다.

과학자들이 Taq를 PCR에 이용한 데는 이유가 있다. 인간의 DNA는 정상적인 상황에서는 DNA 두 가닥이 결합한 상태로 존재한다. DNA가 복제되기 위해서는 서로 결합한 DNA 두 가닥이 풀려야 각각의 가닥

--------------------------------------------

* R K Saiki 외, Primer-directed enzymatic amplification of DNA with a thermostable DNA polymerase, 《Science》, 1988. 1. 29.

94℃

55℃

72℃

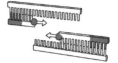

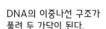

DNA의 이중나선 구조가
풀려 두 가닥이 된다.

프라이머가 유전자의 끝에
붙는다.

Taq 중합효소가 프라이머를
인지하고 달라붙어 떨어져나간
DNA 가닥을 복제한다.

PCR 검사

을 주형으로 삼아 중합 효소가 새로운 가닥, 즉 새 DNA를 복제할 수 있다. DNA에 높은 열을 가하면 DNA 가닥이 풀리는데, 인간의 중합 효소는 높은 온도에서 작동하지 않지만 Taq는 고온에서도 작동한다. 멀리스는 바로 이 사실에 착안하여 DNA 가닥을 섭씨 94~98도의 고온에서 풀어준 것이다. 멀리스 연구팀은 PCR 기술을 개발한 공로로 1993년 노벨화학상을 받았다.

PCR은 고온에서 DNA 가닥을 풀어주는 단계와 섭씨 50~60도로 온도를 낮춰 DNA를 복제하는 단계로 구성된다. 이 과정을 사이클이라고 하며, 보통 PCR은 사이클을 20~40회 반복한다. PCR 장치의 온도를 올렸다가 내리는 과정을 20~40회 정도 수행하려면 1~2시간 정도 시간이 걸린다.

보통 PCR 장비는 금속으로 제작된 열판을 이용해 온도를 올리고 식힌다. 열판을 이용하는 경우 PCR 장비를 가열했다가 식히는 데 상당한 시간이 걸린다. PCR 검사를 받고 결과가 나오기까지 시간이 걸리는 것도 이 때문이다. 그렇다면 PCR 검사 시간을 줄일 수 없을까? 한국과학

기술연구원KIST 연구진은 광열 소재를 이용해 이러한 단점을 극복했다.•
광열 소재는 빛에너지를 받아 열에너지로 전환하는 물질인데, 연구진은
광열 전환 특성이 있는 그래핀을 광열 소재로 이용했다. 실험 결과, 기
존 PCR 검사 장비는 온도를 올리는 데 20초 정도 걸렸다면 연구진이 개
발한 기술은 2초 이내에 목표 온도에 도달하는 것으로 나타났다.

또 연구진은 구멍이 송송 뚫린 스펀지 형태의 고분자 미세 입자를
PCR 장치에 구현했다. 이 미세 입자 안의 그물 구조에서 PCR 반응이
일어나는데, 미세 입자가 머금을 수 있는 부피는 100나노리터 정도다.
일반 PCR 장비는 부피가 50마이크로리터이므로, 부피가 500분의 1 정
도로 줄어든 셈이다. 부피가 작을수록 온도를 낮추기가 쉽다. 일반적인
PCR 장치에서 온도를 낮추려면 팬이나 냉각핀과 같은 쿨러를 사용하
지만 100나노리터의 미세 입자를 PCR 반응기로 이용하면 부수적인 장
치 없이도 자연적으로 빠르게 냉각할 수 있다고 한다.

PCR 기술은 기본적으로 DNA를 증폭하는 도구이기 때문에 거의 모
든 바이오 실험에 활용된다. DNA를 다루는 실험은 PCR로 증폭하지 않
으면 실험할 수 없기 때문이다. 이처럼 PCR은 기초 연구에서나 실제 생
활에서나 광범위하게 쓰인다. 코로나19 대유행을 겪으면서 누구나 한
번쯤은 PCR 검사를 받았을 것이다. 이때 멀리스가 개발한 PCR 검사를
이용한다. 코로나19 PCR 검사에서 증폭하려는 것은 코로나19 바이러

---

• Bong Kyun Kim 외, Ultrafast Real-Time PCR in Photothermal
Microparticles, 《ACS Nano》, 2022. 12. 6.

스의 DNA다. 코로나19 바이러스는 RNA 바이러스로, DNA 대신 RNA 를 이용하는 바이러스다. 코로나19를 비롯해 독감 바이러스, 에이즈 바이러스 등 인간을 괴롭히는 바이러스는 대부분 RNA 바이러스다. 그런데 PCR 기술은 DNA를 증폭하는 기술이지, RNA를 증폭하는 기술은 아니다. 따라서 코로나19 바이러스의 RNA를 DNA로 바꿔주는 작업이 필요하다.

앞에서, 바이러스 가운데 레트로바이러스가 RNA 게놈을 DNA로 바꾼다고 설명했는데, 이때 쓰이는 효소가 역전사 효소다. 코로나19 PCR 검사는 우선 역전사 효소를 이용해 바이러스의 RNA를 DNA로 전환하고, 전환된 DNA는 PCR로 증폭된다. 이를 RT-PCR이라고 한다. RT는 reverse transcription의 약자로 역전사라는 뜻이다.

코로나19에 감염된 사람이 PCR 검사를 받는다면, 이 사람의 비말 등에 포함된 코로나19 바이러스의 DNA를 증폭시킨 후 여기에 코로나19 바이러스 DNA에 달라붙는 형광 표지 물질을 이용하면 감염 여부를 실시간으로 판단할 수 있다. 실시간이라는 의미는 증폭과 동시에 검출할 수 있다는 뜻으로 이를 Real Time PCR이라고 한다. 그러니까 코로나19 PCR 검사는 RT real time PCR인 셈이다. 만약 코로나19에 감염되지 않았다면, 아무리 PCR을 돌려도 바이러스 DNA는 검출되지 않는다. 애초에 증폭할 DNA가 없기 때문이다.

# DNA 메틸화, 암을 진단하고 치료까지?

초등학교에 다닐 때, 같은 학년에 쌍둥이 형제가 있었다. 쌍둥이 가운데 한 명은 같은 반이었고, 나머지 한 명은 다른 반이었다. 쌍둥이는 외모만 봐서는 구분하기가 쉽지 않았다. 그런데 자라면서 신장이나 체중 등 체격에서 조금씩 차이가 났고, 자세히 보면 알아볼 수 있었다.

우리 몸의 모든 세포는 원래 하나의 세포에서 출발했다. 하나의 세포는 분열을 통해 급격히 수가 늘어난다. 초기에는 똑같은 세포였지만, 어느 시점 이후로 세포의 운명이 갈린다. 어떤 세포는 심장 세포가 되고, 어떤 세포는 폐 세포가 되고, 어떤 세포는 뇌세포가 된다. 마찬가지로 개미의 세계를 들여다보면, 일개미가 있고 여왕개미가 있다. 벌의 세계에서도 일벌이 있고 여왕벌이 있다. 일개미나 여왕개미나 초기에는 똑같은 개미였다. 벌도 마찬가지다. 그렇다면 왜 이런 차이가 발생할까?

생물학에서는 이런 차이를 후성유전학으로 설명한다. 후성유전학에서는 타고난 유전자가 아니라 후천적으로 형성된 유전자의 변화가 유전자가 발현되는 양상의 차이를 일으킨다고 설명한다. 여기서 말하는 타고난 유전자는 부모에게서 물려받은 것을 말한다. 예를 들어 태어날 때부터 특정 유전자의 돌연변이를 갖고 태어났다면 이는 선천적인 유전자다. 대개 이런 유전자는 질병과 연관이 있고, 이런 유전자로 인한 질병을 유전성 질환이라고 한다.

그런데 후천적인 유전자 변화는 부모로부터 물려받은 유전자는 그대로라 DNA 염기 서열에는 변화가 없다. 살아가면서 DNA 염기 서열에 변화가 생기기도 하는데, 이것이 유전자 돌연변이다. 하지만 유전자 돌연변이는 후천적 유전자 변화에 속하지 않는다. 후천적 유전자 변화란 유전자의 특정 부위에 작은 분자인 메틸기가 달라붙는 것을 말한다. 유전자의 염기 서열이 바뀌지 않더라도, 특정 부위에 메틸기가 붙으면 마치 돌연변이가 발생한 것처럼 유전자의 발현 양상이 바뀐다. 그래서 특정 유전자가 발현되기도 하고, 억제되기도 한다. 유전자의 발현 여부는 결과적으로 그 세포의 특징, 더 나아가 개체의 특징을 정한다.

DNA 메틸화 효소에 의한 시토신의 메틸화

DNA의 특정 부위에 작은 분자인 메틸이 붙는 것을 DNA 메틸화 methylation라고 하는데, DNA 메틸화는 생체에 여러 가지 변화를 불러온 다. 그중 하나가 암이다. DNA 메틸화가 유전자 발현을 조절하는 부위 에 일어나면 특정 유전자의 발현이 억제된다. 유전자 가운데에는 암을 억제하는 암 억제 유전자tumor suppressor gene가 있는데, 암 억제 유전자의 유전자 발현 조절 부위에 메틸기가 붙으면 발현이 억제된다. 즉 암을 억 제하는 기능이 차단돼 암을 유발하는 것이다. 한편 어떤 암세포는 DNA 의 유전자 발현을 조절하는 부위가 아닌 특정 부위에 메틸화가 많이 일 어난다. 이때 DNA에 붙은 메틸기를 떼어낼 수 있다면 암을 치료하는 새로운 방식의 항암제를 개발할 수 있을 것이다.

또한 암세포의 메틸화 정도를 측정할 수 있다면 특정 암을 진단하 는 진단 기기로 활용할 수 있다. 암세포 DNA의 특정 부위에 메틸화가 일어나는것을 생체지표라고 한다. 대장에서는 매일 대장 상피세포들이 대장으로 떨어져 나온다. 그런데 대장에 암이나 선종과 같은 병변이 발 생하면, 병변 세포들이 정상 세포와 함께 떨어져 나와 분변에 포함돼 배 설된다. 분변에 포함된 생체지표의 메틸화 정도를 측정하면 대장암 여 부를 진단할 수 있다. 국내 바이오 기업 지노믹트리는 이런 방식으로 대 장암 보조 진단 검사를 개발했다.

사람의 혈액에는 순환 종양 세포Circulating Tumor Cell, CTC가 떠돌아다닌 다. 순환 종양 세포는 암 조직에서 떨어져 나온 암세포의 일종으로, 혈 액을 타고 전신을 순환한다. 환자에게서 채취한 혈액에서 순환 종양 세 포를 분리해 그 특징을 분석하면 어떤 암에 걸렸는지 확인할 수 있다. 실제로 많은 바이오 기업에서 순환 종양 세포를 암 진단의 지표, 즉 생체지표로 활용하는 진단 기술을 개발하고 있다. 그중 하나가 혈액 내에서 순환 종양 세포 이외의 세포를 걸러내는 방식으로 순환 종양 세포를 분리하는 기술이다. 이런 기술을 네거티브 분리라고 하는데, 국내 바이오 기업 싸이토젠은 이런 방식의 암 진단 기술을 개발하고 있다.

여기서 더 나아가 순환 종양 DNA$^{circulating\ tumor\ DNA,\ ctDNA}$의 메틸화를 암 진단의 생체지표로 이용할 수 있다. 간암을 예로 들어보자. 우선 간암 세포에서만 메틸화가 일어나고 다른 암에서는 잘 일어나지 않는 메틸화 생체지표를 발굴한다. 그리고 환자의 혈액에서 순환 종양 DNA를 추출한 뒤, 생체지표의 메틸화 정도를 측정하면 간암 여부를 진단할 수 있다.

DNA 메틸화는 염기 서열 가운데 사이토신과 구아닌의 연속 서열 가운데 사이토신에 메틸기가 결합하는 것을 말한다. 메틸화가 일어난 DNA에 아황산을 처리하면 사이토신이 우라실로 전환되지 않지만, 메틸기가 결합하지 않으면 사이토신이 우라실로 전환된다. 우라실은 염기 가운데 아데닌과 결합하는데, DNA 염기 결합 가운데 사이토신-구아닌 결합이 우라실-아데닌 결합보다 결합력이 강하다. 따라서 온도를 조금씩 올리면서 서로 결합한 DNA 가닥을 풀 때, 메틸화가 많이 일어난 DNA일수록 사이토신-구아닌 결합은 우라실-아데닌 결합보다 높은 온도가 되기까지 끊기지 않는다. 즉 메틸화로 인한 DNA 염기 서열 차이로 녹는점이 달라지므로 이를 통해 DNA 메틸화 여부를 확인할 수 있다. 국내 바이오 기업 R은 이런 방식의 간암 조기 진단 기술을 개발하고 있다.

DNA 메틸화를 암 진단의 생체지표로 활용하면 극소량의 DNA만 있어도 검출할 수 있다는 장점이 있다. PCR로 표적 생체지표 부위의 DNA만 증폭할 수 있기 때문이다. 어떤 암이든 생체지표가 좋을수록 정확도가 높고 조기 진단이 가능하다. 따라서 목표로 하는 암에서만 선택적으로 존재하는 생체지표가 있는지, 암 발병 초기부터 존재하는 DNA 생체지표를 보유하고 있는지가 그 기업의 경쟁력을 측정하는 중요한 척도가 된다.

# 1조 원이 50만 원으로

개인적으로, 50여 년간 바이오 분야에서 두 번의 혁명이 일어났다고 생각한다.

하나는 제임스 왓슨과 프랜시스 크릭이 DNA 구조를 규명한 사건이다. 이 연구 성과는 1953년에 《네이처》에 실렸다.

또 하나는 2001년 인간 유전체 계획human genome project의 초안을 공개한 일이다. 인간 유전체 계획은 인간의 유전자 전체, 즉 유전체의 염기 서열을 해독하는 국제 공동 연구다. 인간 유전체 계획은 미국 국립보건원National Institus of Health, NIH을 중심으로 한 국제 공동 연구진과 크레이그 벤터Craig Ventor가 이끄는 민간 기업이 협업해 연구 성과를 발표했다. 국제 공동 연구진의 논문은 《네이처》에 실렸고,• 크레이그 벤터 연구진의

---

• International Human Genome Consortium, Initial sequencing and analysis of the human genome, 《Nature》, 2001. 2. 15.

'인간 유전체 계획' 로고

논문은《사이언스》에 실렸다.* 2001년 인간 유전체 계획 초안에서 밝힌 내용은 다음과 같다.

첫째, 초안은 인간 유전체의 약 90퍼센트를 해독했다. DNA 염기가 어떤 순서로 이뤄졌는지 염기 서열을 분석했다는 말이다. 둘째, 인간의 유전자는 애초 예상보다 적은 30,000~35,000개로 밝혀졌다. 2003년에 최종 분석에서 밝혀진 인간의 유전자 수는 20,000~25,000개였다. 실제 인간의 유전자 수가 과학자들의 예상보다는 많지 않다는 얘기다. 또 다른 중요한 발견은 개인 간 유전자 일치도가 99.9퍼센트에 달한다는

------------------------------------------------

- J. C. Venter 외, The sequence of the human genome, 《Science》, 2001. 2. 16.

점이다. 다시 말하면 0.1퍼센트의 유전자가 개개인의 차이를 만들어낸다는 뜻이다.

인간 유전체 계획은 1969년 아폴로 11호가 달 표면에 처음으로 인간을 보낸 것에 빗대 바이오 분야의 문샷moon shot이라고 불렸다. 그만큼 비용과 기간이 많이 들었는데, 인간 유전체의 초안을 만드는 데만 10년 이상의 시간과 1조 원 이상의 비용이 들었다. 이 초안으로 인해 과학자들은 인간 유전자에 대한 이해의 폭이 획기적으로 넓어졌으며, 이후 인간의 유전자를 분석하는 기술이 폭발적으로 발전했다.

인간 유전체 초안을 분석한 2001년 말에는 한 사람의 유전자 전체를 분석하는 데 대략 1조 원이 들었지만, 이후 기술이 발전하면서 2015년에는 100만 원 수준으로 낮아졌다. 비용만 감소한 것이 아니라 분석 기간도 수일 이내로 대폭 줄었다. 이는 차세대 염기 서열 분석으로 불리는 NGSNext Generation Seqeuncing 기술 덕분이다. NGS 기술은 PCR 장비처럼 NGS 장비로 상용화됐는데, 미국 업체인 일루미나의 NGS 장비로 개인의 유전체를 분석하는 데 대략 50만 원이 드는 것으로 알려졌다.

NGS 상용화로 이제는 누구나 손쉽게 유전자 정보를 분석하는 시대가 도래했다. 그렇다면 유전자 정보 분석은 어디에 어떻게 쓰이는지 살펴보자.

2장 바이오 테크놀로지, 만능 해결사가 될 것인가

# 인공지능이 진단 방랑을 끝낼 수 있을까

2,000~2,500명 가운데 한 명꼴 이하로 발병하는 질환이면 희귀 질환으로 본다. 희귀 질환의 80퍼센트는 유전적 요인으로 발병하는 유전 질환으로, 희귀 유전 질환은 대략 8,000개가 넘는 것으로 보고됐다. CJ 그룹 회장이 앓으면서 널리 알려진 샤르코 마리 투스병Charcot Maire Tooth disease이 대표적인 희귀 유전 질환이다.

의료계에서는 희귀 유전 질환에 관련하여 '진단 방랑'이라는 우스갯소리가 있다. 어떤 환자가 자신이 앓는 질환이 무엇인지 알아보기 위해 A라는 병원에서 유전자 진단을 했는데, 병을 알 수 없다는 결과가 나왔다. 그러면 환자는 다른 병원에 가서 다시 유전자 진단을 받는다. 결과는 마찬가지다. 환자는 평균 5년간은 이 병원, 저 병원을 떠돌아다니며 8회 정도 유전자 진단을 받는다. 이를 진단 방랑이라고 한다. 이렇게 환자가 진단 방랑을 하는 이유는 어떤 병인지 진단하는 정확한 방법이 없기 때문이다. 그런데 최근에는 상황이 많이 달라졌다. NGS 기술과 인공지능 기술의 융합 덕분이다.

환자의 유전자를 분석하면 크게 질병과 관련 있다, 질병과 관련 없다, 잘 모르겠다로 나뉜다. 질병과 관련이 있다면 어떤 질병과 관련이 있는지 알 수 있고, 질병과 관련이 없다면 신경 쓸 필요가 없다. 문제는 잘 모르는 경우다. 바로 이 지점에서 인공지능이 필요해진다. 질병과 관련된 유전자, 관련되지 않은 유전자의 정보를 인공지능에 학습시키고 각 유전자의 돌연변이 정보도 입력한다. 그러면 인공지능은 학습한 정보를 바탕으로 환자의 유전자 가운데 잘 모르는 유전자가 어떤 질병과 연관이 있는지, 환자의 유전자 돌연변이는 질병과 어떤 관련이 있는지 등을 예측해 점수화한 수치로 제시한다.

인공지능이 제대로 예측하기 위해선 두 가지가 필요하다. 첫째, 인공지능을 학습시킬 질병 관련 유전자의 데이터다. 기본적으로 어떤 유전자가 어떤 질병에 어느 정도 수준으로 관여하는지에 대한 데이터가 필요하다. 또 유전 질환은 특성상 유전자 돌연변이가 무수히 많으므로, 유전자 돌연변이와 질병과의 연관성도 최대한 확보해야 한다. 그래야 유전자 돌연변이에 대한 질병의 연관성을 인공지능이 예측할 수 있기 때문이다. 둘째, 인공지능을 효율적으로 학습시켜 예측의 정확도를 높이는 기술이다. 이는 인공지능 알고리즘 개발자의 몫이다. 요즘 진단 기업들은 NGS 기술과 인공지능 기술을 활용해 이런 방식의 희귀 유전 질환 분석 장비를 개발하고 있다.

과연 이런 서비스가 환자의 고달픈 진단 방랑을 끝낼 수 있을지 사뭇 기대된다.

# 새로운 명의의 탄생

지미 카터 전 미국 대통령은 노년에 암으로 고생하고 있다. 1924년 생인 카터는 90세에 피부암의 일종인 흑색종을 앓았는데, 피부에서 발생한 암이 간과 뇌 등 다른 장기로 전이됐다. 간에 전이된 흑색종 암 덩어리는 제거했지만 뇌에 전이된 암은 치료하기가 쉽지 않은 상황이었다. 이런 가운데 의료진은 새로운 항암 치료제인 면역 항암제를 투여했다. 그 결과, 놀랍게도 암이 완치되어 몇 년간 건강히 생활했다.

면역 항암제 키트루다로 암을 치료한 지미 카터 전 미국 대통령
ⓒwikipedia common

죽음의 문턱까지 갔던 카터를 살려낸 면역 항암제는 1세대 화학 합성 항암제, 2세대 표적 항암제

에 이어 3세대 항암제로 불린다. 면역 항암제는 표적 항암제처럼 항체를 이용하지만, 항체로 몸의 면역세포를 활성화해 암을 공격하도록 만든다. 실질적으로 면역세포가 암세포를 공격하는 원리이기에 면역 항암제라고 부른다.

면역세포 가운데 T-세포는 바이러스에 감염된 세포나 암세포와 같이 비정상적인 세포를 공격한다. 그런데 암세포는 T-세포의 공격을 회피하기 위해 다양한 방어 전략을 구사한다. T-세포 표면에는 PD-1이라는 단백질이 있고, 암세포는 표면에 PD-L1이라는 단백질이 있다. PD-L1은 PD-1과 결합하는 단백질이라는 뜻이다. 암세포는 표면의 PD-L1을 T-세포의 PD-1과 결합한다. 그러면 T-세포는 암세포를 공격하지 못하게 된다. 암세포의 PD-L1이 T-세포의 공격을 차단하는 일종의 브레이크 역할을 하는 셈이다.

면역 항암제는 T-세포의 PD-1에 결합하는 항체로, T-세포의 PD-1에 결합하면 암세포는 PD-L1을 T-세포의 PD-1에 붙일 수 없다. 이미 T-세포의 PD-1에 항체가 붙어 있어서 PD-L1이 결합할 자리가 없기 때문이다. 이런 방식의 치료제를 PD-1 저해제inhibitor라고 부른다. 미국 MSD가 개발한 펨브롤리주맙Pembrolizumab(제품명 키트루다keytruda)은 대표적인 PD-1 저해제로, 카터는 바로 이 약으로 치료받았다. 키트루다는 면역 항암제의 대명사로, 특정 환자군에서 80퍼센트 이상의 완치율을 보였다. 안타깝게도 면역 항암제가 특정 환자군에서는 탁월한 효과를 내는 건 사실이지만, 면역 항암제가 듣는 환자는 10~20퍼센트 정도로 매우 적다. 같은 흑색종 환자라도 어떤 환자는 치료가 잘되지만, 또 어떤 환자는 치료가 안 된다. 그렇다면 왜 이런 차이가 나는 걸까?

비밀은 암세포 표면의 PD-L1에 있다. 면역 항암제로 효과를 보려면 기본적으로 암세포 표면에 PD-L1이 많이 발현돼야 한다. 그래야 PD-1 저해제로 효과를 볼 수 있기 때문이다. 그렇다면 PD-L1이 많이 발현된 환자를 선별해 키트루다를 처방하면 어떨까? 이런 개념에서 나온 것이 동반 진단으로, 암의 진단과 치료를 동시에 한다는 말이다.

미국에서는 2014년부터 특정 유전자를 겨냥한 항암제를 개발하면 임상 단계에서 동반 진단을 권장한다. 또 동반 진단을 병행 진행한 임상시험으로 신약이 승인되면 이 약은 동반 진단으로 선별된 환자에게만 처방된다. 예를 들어 미국 FDA는 키트루다를 폐암 환자에게 쓰려면 특정 진단 회사가 제조한 진단 키트로 환자를 진단해 PD-L1 발현율이 50퍼센트 이상일 때만 처방하도록 한다. 이때 진단 키트는 특정 진단 회사가 만든 것을 써야 한다. 그래서 제약회사나 바이오 기업은 임상시험 단계에서 특정 진단 회사와 협력하여 임상시험을 진행하고, 나중에 보건당국의 승인을 받으면 항암제와 진단 키트를 같이 허가받는다.

동반 진단을 임상시험 단계부터 사용하면 개발 중인 약의 효과가 높을 것으로 보이는 환자들을 추려 임상시험을 진행하므로 임상시험 성공 확률이 더 높아진다. 실제로 미국에서 항암제 분야에서 동반 진단으로 환자를 골라냈을 때 신약 허가의 비중이 세 배는 높아지는 것으로 나타났다. 제약회사로서는 신약을 개발할 때 성공 확률을 높이는 것이 무엇보다 중요하다.

또한 동반 진단으로 임상시험한 후 최종적으로 승인이 나면 효능이 있을 것으로 예측되는 환자들에게만 약을 처방하기 때문에 의사와 환자 모두에게 좋다. 의사는 혹시라도 치료를 잘못하지 않을 수 있고, 환자는 효과가 없는 약에 쓸데없이 돈을 들이지 않을 수 있다. 동반 진단이 등장하기 전엔 의사들은 의료 경험과 환자의 암 조직 크기와 같은 병리 상태 등을 근거로 항암제를 처방했다. 그래서 환자에 따라서는 의사가 처방한 항암제가 잘 듣기도 하지만, 안 듣는 경우도 많았다. 속된 말로 의사가 눈치껏 처방한 셈이다.

동반 진단은 유전자 분석을 통해 PD-L1과 같은 특정 생체지표가 암세포에 얼마나 많이 발현됐는지 객관적으로 측정하므로 좀 더 정확한 진단 정보를 제공한다. 그런데 의사들 중에는 동반 진단을 싫어하는 사람도 있다. 과거에는 처방하고 싶은 대로 처방했는데 이제는 과학적 데이터를 근거로 처방해야 하니, 자신의 권위나 재량이 줄었다고 여겨서다. 물론 대부분 의사는 환자의 치료 효율이 높아지므로 동반 진단을 환영한다.

한편 미국에서 동반 진단으로 승인된 항암제를 우리나라에서 수입 허가한 경우를 살펴보자. 그렇다면 진단 키트도 같이 허가해야 동반 진단의 의미가 있다. 그런데 해외 진단 키트 회사에서 우리나라에 키트를 수출하지 않을 수도 있다. 그런 경우, 국내 진단 키트 회사가 키트를 개발해 원제작사의 진단 키트와 성능이 동등하다는 점을 입증하여 활용할 수는 있다. 그러려면 원제작사에서 진단 키트를 받아 동등성을 증명해야 하는데, 원제작사가 진단 키트를 제공하려 하지 않을 것이다. 굳이 자신들이 진출하지 않은 시장에 다른 진단 키트가 사용되는 것을 원하지 않을 테니 말이다. 따라서 국내 진단 기업의 진단 키트가 해외 제품을 대신해 동반 진단에 사용되는 것은 현실적으로 쉽지 않다. 그렇다고 그 항암제를 처방하지 않을 수도 없다. 이런 이유로 인해 우리나라에

2장 바이오 테크놀로지, 만능 해결사가 될 것인가

서는 해외에서 동반 진단으로 승인이 나더라도 동반 진단이 의무는 아니다.

그런데 이 지점에서 국내 진단 회사들의 불만이 터져 나온다. 국내 진단 회사에서 국내외 바이오 기업과 임상 단계부터 동반 진단으로 개발해 최종 승인을 받았는데도 동반 진단이 의무가 아니라면 실제 병원에서 진단 키트를 사용하지 않을 수 있다는 이유에서다. 이런 경우 진단 키트 회사의 수익이 크게 떨어질 것이다. 물론 실제로는 이런 일이 일어나기 어렵겠지만, 우리 사회에서 동반 진단에 대한 논의가 필요한 것은 사실이다.

# 세계 판매 1위 진단 장비, 한국에서도 통할까?

암은 국내 사망률 1위다. 암을 치료하기가 어려운 이유 가운데 하나는 전이와 재발 때문이다. 어떤 사람이 유방암으로 유방 절제 수술을 받았다고 가정해보자. 수술 결과는 양호했는데, 앞으로 항암치료를 받을지 말지를 결정하는 것은 환자에게 아주 중요한 문제다. 항암치료는 비용과 시간뿐만 아니라 고통이 수반되기 때문이다. 만약 수술 이후 재발이나 전이의 위험이 낮다면 항암치료를 받지 않을 수도 있다.

이를 위해 개발된 것이 예후 진단으로, 유전자 분석으로 수술 후 재발과 전이의 위험노를 예측하는 것이다. 앞서 설명한 동반 진단과 비슷하게 유전자 분석 기술이 도입되기 이전에는 의사의 경험에 의존하는 경우가 많았다. 즉 환자의 상태와 환자를 진단한 의사의 진료 경험 등에 기대는 것이다.

수술 후 의사가 진단했을 때 조금이라도 걱정되거나 환자가 불안해한다면, 통상적으로 항암치료를 한다. 그래서 실제로는 항암치료가 불필요한 환자들도 항암치료를 받는 경우가 많다고 한다. 그런데 특정 질환의 예후와 관련된 유전자를 분석하는 기술이 등장하면서, 예후 진단의 결과가 수술 후 항암치료를 판단하는 중요한 기준이 되었다. 과학기술의 발전으로 환자의 편의성이 대폭 향상된 셈이다.

그렇다면 예후 진단의 결과는 전적으로 신뢰할 수 있을까? 예후 진단은 환자의 유전자를 분석해 치료의 판단 근거를 제공한다는 점에서는 과학적이지만, 어떤 예후 진단 키트로 진단했느냐에 따라 결과가 달라질 수 있다. 유방암 예후 진단을 예로 들어보자. 현재 국내에서 가장 많이 사용되는 유방암 예후 진단 키트는 미국에서 개발한 장비로, 미국 유방암 환자의 데이터를 근거로 만들어졌다. 미국은 백인이 주를 이루고 히스패닉, 흑인, 아시아인 등 다인종으로 구성된 데다 유방암 환자 중에는 50세 이상 백인 여성이 많다. 따라서 이 유방암 예후 진단 키트는 기본적으로 50대 이상 백인 여성을 대상으로 설계된 셈이다.

그런데 우리나라의 경우 미국과 달리 50세 이하의 젊은 여성이 유방암에 많이 걸리고, 백인 여성과는 유전적으로 인종에 따른 차이가 있다. 인종과 나이의 차이가 유방암 예후 진단 관련 유전자에 별로 영향을 미치지 않을 것 같지만, 사실은 그렇지 않다. 국내 연구진은 이러한 내용의 연구 결과를 국제 학술지에 발표했다.● 연구진은 해외 유방암 예후 진단에 쓰이는 공식이 아시아인에게도 그대로 적용할 수 있는지에 대한 호기심에서 연구를 시작했다고 한다. 연구 결과, 해외 예후 진단

------------------------------------------------

● Jiwoong Jung 외, Radical differences in predictive value of the 21-gene recurrence score assay: a population-based study using the SEER database, 《Breast Cancer》, 2022. 9.

키트는 주로 백인종에 유효하며 흑인이나 아시아인의 경우에는 유효하지 않을 수 있다고 지적했다. 따라서 흑인이나 아시아인의 경우엔 추가적인 연구가 필요하다고 강조했다. 바꿔 말해 우리나라는 한국인의 특성에 맞는 진단 키트를 개발할 필요가 있다는 얘기다.

보통 전 세계 1위 제품이라고 하면 국내에서도 별다른 거부감이나 의심 없이 사용하는 경향이 있다. 의료 분야도 크게 다를 바가 없어 보인다. 하지만 환자의 생명을 다루는 특수한 분야임을 고려할 때 한 번쯤 곱씹어볼 만한 문제다.

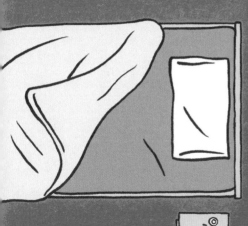

# 3장

## 유전자, 단백질, 세포…
## 확장되는 바이오 의약품의 영역

# 불안한 RNA, 안정된 DNA

인류가 오랫동안 던진 질문 중 하나는 생명체는 처음에 어떻게 생겨났을까 하는 것이다.

생명체의 기본 단위는 세포이며, 우리 몸의 세포는 DNA를 보관하는 핵, 에너지 공장인 미토콘드리아 등 다양한 세포 내 소기관으로 되어 있다. 하등 동물인 단세포 생물은 핵 없이 DNA를 보관한다. DNA가 생명체의 모든 정보를 지닌 유전물질이고 유전물질을 통해 생명체는 개체의 연속성을 이어간다는 점에서 생명체의 시작은 DNA의 시작에 대한 질문으로 귀결된다.

그렇다면 도대체 DNA는 언제, 어떻게 만들어졌을까? 과학자들은 원시 지구, 초기 상태의 지구는 매우 끈적하고 뜨거운 용광로와 같은 상태였을 것으로 추정한다. 이런 상태에서는 조그마한 자극이 주어지면 원자끼리 화학 반응을 일으켜 분자를 만들고, 분자끼리 화학 반응을 일으켜 더 큰 분자가 생성되기 쉽다. 번개와 같은 전기적 에너지가 가해지면 끈끈한 용광로 상태에 있던 원자들이 서로 화학 반응을 일으켜 이전에는 없던 분자를 만들어낸다.

처음으로 만들어진 거대 분자는 RNA였다. 왜 DNA가 아니라 RNA였을까? RNA는 분자 구조상 DNA와 매우 유사하다. DNA의 D는 deoxy-로, 산소를 제거했다는 뜻이다. 즉 RNA에서 산소를 제거한 것이 DNA다.

그러면 산소가 있는 것과 없는 것은 어떤 차이가 있을까? 산소 원자는 원자 껍데기에 음이온 두 개를 가진 2가 이온 형태로 존재한다. 전자는 화학 반응의 시작점이므로, 화학 구조적으로 산소를 가진 RNA는 산소가 없는 DNA보다 화학 반응이 더 쉽게 일어난다. 화학 반응이 쉽게 일어난다는 말은 원시 지구의 끈적하고 뜨거운 상태에서 RNA 분자가 DNA보다 수월하게 생성된다는 말이다. 즉 RNA가 DNA보다 먼저 지구에 출현했다는 말이 되는데, 이를 RNA 가설이라고 부른다. RNA가 먼저 생겼고, 이후 화학적으로 더 안정적인 DNA로 진화해 결과적으로 DNA가 유전물질이 됐다는 것이 RNA 가설의 핵심이다.

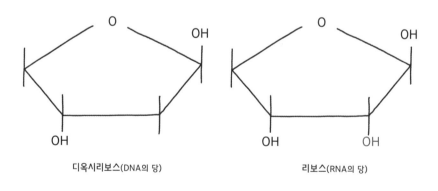

디옥시리보스(DNA의 당)　　　　리보스(RNA의 당)

OH기가 없으면 DNA, 있으면 RNA

생명체의 측면에서 화학 반응이 잘 일어난다는 것은 돌연변이가 잘 일어난다는 의미다. 하지만 개체의 돌연변이가 너무 잘 일어나면 개체의 특성이 유지되지 않는다는 단점이 있다. 그래서 RNA가 먼저 생겼지만 최종적으로는 좀 더 안정적인 DNA가 유전물질로 선택된 것으로 본다. 이때부터 사실상 RNA는 관심의 뒤안길로 사라졌다.

과학자들의 주된 관심은 유전물질인 DNA이고, 그다음으로는 유전물질인 DNA의 최종 산물인 단백질이었다. 그 사이에서 중간 다리 역할을 하는 RNA는 상대적으로 덜 주목받았고 연구도 많이 진행되지 않았다. 한마디로 찬밥 신세였던 RNA가 최근 전 세계적으로 주목을 받기 시작했다. 도대체 어떤 일이 있었을까?

3장 유전자, 단백질, 세포… 확장되는 바이오 의약품의 영역

# RNA 백신, RNA 바이러스로 잉태

아이가 태어나면, 일명 불주사라는 백신을 접종한다. 불주사는 다른 말로 BCG 주사로, 결핵을 예방하기 위한 결핵 예방 백신이다. 우리나라는 생후 1개월 이내의 모든 신생아에게 BCG 예방 백신을 접종하도록 권고한다.

예방 백신의 목적은 질병을 예방하는 것이다. 예방 백신은 미리 병을 경미하게 앓아서 몸이 병과 싸울 수 있도록 준비시킨다. 그래서 실제로 병에 걸리면 몸은 즉각 병과 싸울 수 있다. 백신은 병을 일으키는 바이러스의 일부(이를 항원이라고 한다)를 몸에 주입해 항원에 대한 항체를 생성하도록 유도한다. 바이러스 전체가 아닌 일부만 주입하면 바이러스가 몸에서 병원성을 일으키지는 못하지만, 몸은 항원에 대한 항체를 생성해 보관해두기 때문이다. 그러다가 실제로 바이러스에 감염되면 항원을 인식하고 미리 만들어뒀던 항체로 바이러스와 싸운다.

따라서 백신의 성능은 바이러스 항원이 몸에 잘 전달되는지, 항원을 어떻게 하면 더 잘 인식해 항체를 생성하게 만드는지로 귀결된다. 전통적으로 인류가 사용한 백신은 재조합 단백질 백신으로, 바이러스 일부, 즉 항원을 단백질 형태로 몸에 주입하는 것이다. 항원 단백질은 인공적으로 만들기에 재조합 단백질이라고 부른다.

　재조합 단백질 백신은 독감 백신, 간염 백신 등 이미 30년 넘게 사용해왔기에 안정성이 검증됐다는 장점이 있다. 하지만 단백질은 세포를 통해서만 만들 수 있기에 세포 배양 등에 기간이 오래 걸리는 단점도 있다. 이런 이유로 과학자들은 재조합 단백질 백신보다 짧은 기간에 좀 더 수월하게 만들 수 있는 백신을 개발하기 시작했다. 그리고 그 노력의 결실이 마침내 빛을 발했고, 2019년 말 시작된 코로나19 대유행이 결정적인 계기가 됐다.

　미국 바이오 기업 모더나는 mode+rna 내지는 modern+rna의 합성어로 추정된다. 이름에서 알 수 있듯이, 이 회사는 RNA 연구에 천착한다. 회사는 창립 후 20년간 RNA를 이용하여 백신 연구를 해왔지만, 단 한 번도 성공한 적이 없었다. 그러다가 2019년 말 코로나19 대유행이 시작됐고, 이듬해인 2020년 5월 미국 트럼프 행정부에서 초고속 작전operation warp speed을 승인하며 자국의 코로나19 백신 개발을 전폭적으로 지원했다. 그 결과 같은 해 12월, 미국 FDA는 화이자-바이오엔테크의 코로나19 백신과 모더나의 코로나19 백신을 연이어 승인했다. 이는 백신을 개발한 지 8개월여 만에 이룬 성과로, 전 세계 백신 개발 역사상 가장 단기간이었다. 그 이전에 가장 빠른 것은 에볼라 백신으로, 이마저도 5년이 걸렸다.

　모더나 화이자-바이오엔테크가 단 8개월여 만에 백신을 개발할 수 있었던 것은 그동안 축적된 기술력과 미국 정부의 지원 덕분이었다.

하지만 백신 자체가 기존의 재조합 단백질 방식이 아니라 이전에는 없었던 새로운 방식의 백신이라는 점도 간과할 수는 없다. RNA, 그중에서도 mRNA^messenger RNA, 전령 RNA를 활용한 백신으로, mRNA 백신 상용화를 촉발한 코로나19 바이러스가 RNA 바이러스다.

mRNA는 우리 몸에 존재하는 RNA 가운데 하나다. 앞서 유전물질의 발현은 DNA에서 출발해 RNA를 거쳐 단백질로 발현된다고 설명했다. 이때의 RNA는 좀 더 정확하게 말하면 mRNA다. 생명체는 DNA의 유전자 가운데 특정 단백질을 만드는 유전자를 모아 mRNA를 만들고, 이 mRNA를 바탕으로 특정 단백질을 만든다. 그러니까 mRNA가 단백질 설계의 실질적인 지도인 셈이다.

그렇다면 여기서 드는 의문이 하나 있다. 백신 물질을 mRNA로 만들면 어떤 장점이 있을까? mRNA 백신은 코로나19 백신이 세계 최초로, 그 이전의 백신은 대부분 재조합 단백질 백신이었다. 두 백신의 차이점은 백신 물질, 즉 항원을 단백질 형태로 만드느냐, mRNA로 만드느냐 하는 것이다. 유전물질은 DNA에서 시작해 mRNA를 거쳐 단백질로 발현된다. 그러므로 재조합 단백질 백신을 만들기 위해서는 DNA에서 시작해 mRNA를 거쳐 단백질을 만드는 과정이 필요하다.

목표로 하는 항원 단백질을 만들기 위해 이 유전 암호를 가진 DNA를 동물 세포에 주입해 단백질로 만든다. 단백질은 인간이 실험실에서 합성하는 방법으로는 만들 수 없으며, 세포 안에 DNA를 넣어서 세포가 이를 바탕으로 만들어낸다. 따라서 재조합 단백질 백신을 만들기 위해서는 동물 세포가 바이러스 항원 단백질을 만들어내는 과정이 필수적이다. 말은 쉽지만, 상대적으로 길고 복잡한 과정이다.

반면 mRNA 형태로 바이러스 항원을 만든다고 가정해보자. mRNA 는 DNA에서 만들어진다. 그런데 단백질과 달리 mRNA는 세포를 이용하지 않고도 만들 수 있다. 인 비트로 트랜스크립션in vitro trnascription이라는 기술 덕분이다. 인 비트로는 시험관 내, 즉 실험실이라는 뜻이며, 트랜스크립션은 '전사'라는 말로 DNA에서 RNA가 만들어지는 것을 의미한다. 인 비트로 트랜스크립션은 세포를 이용하지 않아서 상대적으로 제조 기간이 짧고 공정이 간단하다. 그러므로 재조합 단백질 백신보다 더 빨리 만들 수 있다.

그렇다면 코로나19 이전에는 왜 mRNA 방식의 백신이 상용화되지 않았을까? mRNA를 포함해 RNA는 체내에서 쉽게 분해된다. RNAase 라는 RNA를 분해하는 효소 때문이다. 그래서 mRNA를 백신으로 활용하려면 mRNA가 체내에서 분해되지 않도록 보호하는 물질이 필요하다. 화이자와 모더나는 mRNA를 보호하는 물질로 지질 나노 입자를 활용했는데, 지질 나노 입자로 mRNA를 감싸는 것이 어려웠기에 상용화가 그만큼 더뎠던 것이다. 더욱이 화이자와 모더나도 지질 나노 입자를 자체적으로 개발한 것은 아니고, 다른 바이오 기업이 개발한 것을 로열티를 내고 이용했다. 코로나19 mRNA 백신이 상용화된 이후 전 세계적으로 mRNA를 이용한 백신 개발이 활발히 진행되고 있다. 더불어 지질 나노 입자 이외에도 mRNA를 보호할 다른 물질도 연구하고 있다.

한편 mRNA 백신의 또 다른 장점은 변이 바이러스에 대응하기 쉽다는 것이다. 코로나19 바이러스를 예로 들어보자. 2022년 코로나19 바이러스의 변이 바이러스인 오미크론이 크게 유행하면서 모더나와 화이자는 오미크론 변이 백신을 개발했다. mRNA 백신은 백신 물질을 mRNA

형태로 만드는데, 오미크론 변이의 mRNA 시퀀스, 즉 염기 서열만 알면 기존 백신과 같은 방법으로 만들 수 있다. 쉽게 말해 백신을 만드는 기본 틀은 같고, 그 안에 채워 넣는 내용물, 즉 mRNA만 바꾸면 된다는 얘기다.

백신을 빨리 만드는 것은 아주 중요한 기술이다. 코로나19 변이 바이러스가 발생해 전 세계에 급속도로 퍼질 수도 있는데, 변이에 대응하는 백신이 없다면 인류는 사실상 변이 바이러스에 무방비 상태로 노출된 꼴이다. 코로나19 바이러스뿐만 아니라 모든 바이러스가 똑같다. 독감 바이러스는 매년 유행하지만 매번 바이러스 변이가 일어난다. 보통 남반구에 유행하는 독감 바이러스를 바탕으로 그해 북반구에 유행할 독감 바이러스 변이를 예측해 미리 독감 바이러스를 만든다. 그렇기에 실제 북반구에 유행하는 독감 바이러스와 맞을 수도 있고, 맞지 않을 수도 있다. 그런데 백신을 매우 빨리 만들 수 있다면, 실제로 북반구에 유행하는 독감 바이러스를 가지고 백신을 만들어 대응할 수 있다. 물론 기술적으로 시차가 발생하겠지만, 백신 기술이 점차 고도화하면 이런 일이 불가능한 것만도 아니다.

그렇다면 mRNA 백신은 코로나19 백신이 세계 최초인데 그 안전성을 신뢰할 수 있을까? 이 질문에 대해선 답하기 어려운 측면이 있다. mRNA 백신이 효능이 있다는 점은 코로나19를 통해 증명됐지만, 부작용도 함께 드러났기 때문이다. 문제는 그 부작용이 어느 정도 수준인지 아직 확실히 알 수는 없다는 점이다. 인류가 mRNA 백신을 맞은 지 기껏해야 2~3년이 지났다. 일반적으로 백신의 부작용은 10년 이상 장기적으로 추적해야 알 수 있다. 재조합 단백질 백신의 경우 이미 인류가

30년 넘게 사용하면서 그 안전성이 충분히 검증된 반면, mRNA 백신은 그렇지 않다. 재조합 단백질 백신 등 이미 안전성이 검증된 백신이 사라지지 않는 이유다.

# 유전자 발현을 억제하는 RNA 간섭

1990년대에 몇몇 식물학자들은 애기담배풀<sup></sup>petunias의 색깔을 더 진하게 하고 싶었다. 그래서 꽃의 색에 관여하는 유전자를 이 꽃에 도입했는데, 결과는 의외였다. 색깔 유전자를 도입한 애기담배풀은 색이 진해지기는커녕 오히려 본래의 색을 잃고 흰색으로 변했다. 당시에는 왜 이런 일이 발생했는지 아무도 그 이유를 밝혀내지 못했다.

자칫 미스터리로 남을 뻔한 애기담배풀 꽃의 색깔 변화는 미국 과학자 크레이크 멜로Craig C. Mello와 앤드루 파이어Andrew Z. Fire의 과학적 발견 덕에 그 미스터리가 풀렸다. 멜로와 파이어는 유전자 발현을 어떻게 조절할 수 있는지에 관심이 많았다. 예쁜꼬마선충으로 불리는 C. elegans는 바이오 실험에 종종 쓰이는 실험동물 가운데 하나로, 멜로와 파이어는 예쁜꼬마선충에 근육 유전자를 주입하고 선충의 행동에 어떤 변화가 일어나는지 관찰했다. RNA의 형태로 유전자를 주입했는데, 흥미롭게도 RNA를 한 가닥만 주입하면 선충의 행동에 아무런 변화가 없지만, RNA 한 가닥과 또 다른 한 가닥이 상보적으로 결합한 두 가닥 형태로

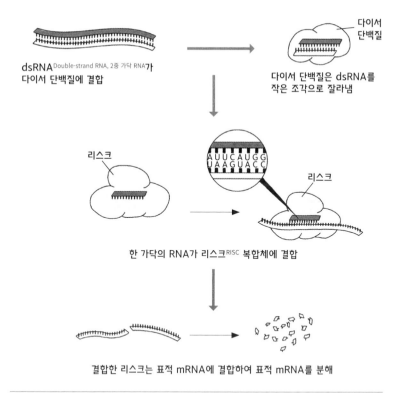

dsRNA Double-strand RNA, 2중 가닥 RNA가
다이서 단백질에 결합

다이서 단백질은 dsRNA를
작은 조각으로 잘라냄

리스크

A U U C A U G G
U A A G U A C C

리스크

한 가닥의 RNA가 리스크RISC 복합체에 결합

결합한 리스크는 표적 mRNA에 결합하여 표적 mRNA를 분해

RNA 간섭 작용 기전 　　　　　　　　　　　©Nobel Prize

주입하자 선충이 몸을 비트는 특이한 행동을 보였다. 이는 근육 유전자
가 없을 때 보이는 행동과 유사했다.

　멜로와 파이어는 근육 유전자 말고도 서로 다른 유전자를 대상으
로 여러 번 비슷한 실험을 수행한 끝에 다음과 같은 결론을 내렸다. 두
가닥의 RNA는 특정 유전자의 기능을 무너뜨릴 수 있고, 이러한 유전
자 붕괴 내지 간섭interference은 주입한 RNA의 유전자와 상보적인 체
내 RNA에서 일어난다. 이에 근거해 멜로와 파이어는 이를 RNA 간섭

이라고 명명했다. 이를 줄여 RNAi로 부르기로 한다. 멜로와 파이어는 1998년 《네이처》에 연구 결과를 발표했다.* 그로부터 8년 뒤인 2006년, 크레이그 멜로와 앤드루 파이어는 RNA 간섭 현상을 규명한 공로로 노벨 생리의학상을 받았다.

RNA 간섭의 구체적인 기전은 다음과 같다. 2중 가닥의 RNA를 체내에 주입하면 다이서dicer라는 체내 단백질과 결합하고, 다이서는 2중 가닥의 RNA를 잘게 자른다. 그러면 또 다른 단백질인 리스크RISC가 쪼개진 조각에 결합한다. 이때 한 가닥의 RNA 조각들은 제거되고, 나머지 가닥의 RNA 조각이 리스크에 결합한다. 그러면 리스크는 RNA 조각에 상보적으로 결합하는 체내 mRNA와 결합해서 mRNA를 분해한다. 결과적으로 목표로 하는 특정 mRNA의 기능을 붕괴시킬 수 있다.

RNA 간섭은 하등 생명체가 바이러스에 감염됐을 때 이에 대항하는 데 유용하다. 바이러스는 자신의 유전체인 2중 가닥 RNA를 주입하는 식으로 하등 생명체에 침입한다. 그러면 다이서와 리스크 단백질이 작동하면서 바이러스 RNA를 분해한다. 유전자 가위는 세균이 자신에 침입한 바이러스를 죽이기 위해 활용하는 생체 방어 수단 가운데 하나인데, RNA 간섭도 이와 비슷하다.

멜로와 파이어가 RNA 간섭 현상에 이용한 짧은 조각의 RNA를 siRNAsmall interfering RNA 라고 한다. siRNA와 거의 같은 방식으로 작용

---

• Andrew Fire 외, Potent and specific genetic interference by double-stranded RNA in Caenorhabditis elegans, 《Nature》, 1998. 2. 19.

하는 RNA 가운데 miRNA$^{microRNA}$가 있는데, miRNA도 다이서와 리스크 단백질이 작용해 표적 mRNA에 결합하고 이를 분해한다. siRNA와 miRNA의 가장 큰 차이점은 siRNA는 표적 mRNA에 완벽하게 상보적으로 결합하지만, miRNA는 표적 mRNA에 부분적으로 결합한다는 점이다. 또 miRNA는 우리 몸에 자연적으로 존재하지만, siRNA는 인공적으로 만들어 체내에 주입한다.

자연적으로 존재하는 miRNA는 RNA 간섭이라는 방식으로 유전자의 발현을 조절한다. 이에 착안해 특정 질병에 관여하는 miRNA를 억제하는 방식의 치료제를 개발할 수도 있다. miR-122는 간에 많은 miRNA의 하나로, 간암과 C형 간염과 관련이 있다. 과학자들은 miR-122를 억제하는 방식의 치료제를 개발해 간 대사 작용을 바꿔 C형 간염 바이러스의 복제를 억제하는 데 성공했다.[•] 과학자들이 miR-122를 억제하는 물질로 사용한 것이 miR-122에 상보적으로 결합하는 짧은 길이의 RNA인데, 이런 방식의 치료 물질을 역배열 올리고핵산염$^{Antisense}$ $^{oligonucleotide, ASO}$이라고 한다.

말초 신경과 심장 등에 비정상적인 아밀로이드 단백질이 축적되면 유전성 트랜스티레틴 아밀로이드증$^{hereditary\ transthyretin-mediated\ amyloidosis,}$ $^{hATTR}$이 발병한다. 유전성이라는 이름에서 알 수 있듯이 이 병은 유전자

- - - - - - - - - - - - - - - - - - - - - - - - - - - - - - - - - - - - - - - - - - -

• · Christine Esau 외, miR-122 regulation of lipid metabolism revealed by in vivo antisense targeting cell Science, 《Cell》, 2006. 2.
· Robert E. Lanford 외, Therapeutic silencing of microRNA-122 in primates with chronic hepatitis C virus infection, 《Cell》. 2010. 1. 8.

에 이상이 생겨 발병하는 유전병이다. 아밀로이드 단백질이 비정상적으로 주로 말초 신경계에 축적되면서 이로 인해 팔과 다리, 손의 움직임이 둔화하고 감각 상실과 통증 등의 증상을 초래한다. 더불어 이 병은 심장과 신장, 눈과 소화기관에도 영향을 미친다.

미국 바이오 기업 앨나일람Alnylam Pharmaceuticals은 비정상적인 형태의 트랜스티레틴 단백질 생성을 막기 위해 RNA 간섭 방식의 치료제를 개발했다. 표적 트랜스티레틴 단백질의 mRNA에 결합하는 siRNA를 합성하고, 이 RNA가 체내에서 분해되지 않도록 siRNA를 지질 나노 입자로 감쌌다. 이렇게 만들어진 치료제는 말초 신경계에서 트랜스티레틴 단백질이 축적되는 것을 감소시켜 증상을 개선한다. 앨나이람에서는 225명의 환자를 대상으로 148명에게는 개발 중인 약을 투여했고, 77명에게는 위약을 투여하여 임상시험을 진행한 결과, 약을 투여받은 환자는 근육 강화, 감각 인지 등에서 위약 그룹보다 향상된 결과를 보였다. 미국 FDA는 2018년 8월에 브랜드명 온파트로Onpattro, 성분명 파티시란Patisiran으로 이 약을 승인했다.● 이는 siRNA를 이용한 세계 최초의 RNA 간섭 방식의 치료제다.

척수성 근위축증Spinal Muscular Atrophy, SMA은 운동기능에 필수적인 생존 운동 신경세포Survival Motor Neuron, SMN라는 단백질이 결핍해 발병하는 희귀 유전병이다. SMN 유전자는 SMN1과 SMN2의 두 개가 있는데,

----

- https://www.fda.gov/news-events/press-announcements/fda-approves-first-its-kind-targeted-rna-based-therapy-treat-rare-disease

SMN1 유전자가 완전히 작동하지 않아 발병한다. SMN2 유전자가 발현하기는 하지만, 척수성 근위축증 환자는 이 유전자만으로는 충분한 양의 SMN 단백질을 만들지 못한다. SMN 단백질이 충분히 발현하지 못하는 것은 이 유전자의 7번 위치에 단백질 합성을 억제하는 유전자가 있기 때문이다.

미국 바이오 기업 바이오젠은 SMN2 유전자의 발현을 억제하는 부위에 결합해 기능을 억제하는 방식의 치료제를 개발했다. 작용 원리는 RNA 간섭과 같지만, 이 치료제는 2중 가닥의 RNA가 아니라 한 가닥의 RNA로 이뤄졌다는 점에서 차이가 있다. 이렇게 단일 가닥의 RNA로 특정 유전자의 기능을 억제하는 방식의 치료제를 ASO라고 한다.

미국 FDA는 2016년 12월에 브랜드명 스핀라자Spinraza, 성분명 누시너센Nusinersen을 척수성 근위축증 치료제로 승인했다. • siRNA나 miRNA 모두 표적 mRNA에 결합하는 가닥은 안티센스antisense다. 안티센스는 표적 mRNA의 염기 서열에 상보적인 가닥을, 센스는 표적 mRNA의 염기 서열과 같은 가닥을 의미한다. 결론적으로 siRNA, miRNA, ASO는 RNA 간섭 방식으로 표적 mRNA의 기능을 붕괴시킨다.

척수성 근위축증과 관련해서 졸겐스마Zolgensma라는 유전자 치료제가 있다. 이 약은 아데노 바이러스를 이용해 정상적인 SMN1 유전자를

--------------------------------------------------

• https://www.fda.gov/news-events/press-announcements/fda-approves-first-drug-spinal-muscular-atrophy

3장 유전자, 단백질, 세포… 확장되는 바이오 의약품의 영역

인체에 전달하는 방식의 치료제다. 스핀라자와 졸겐스마 모두 SMN 단백질을 몸에서 생성하도록 도와주는 것이 목적인데, 그 기전이 다르다. 졸겐스마는 정상 SMN1 유전자를 주입하는 것이고, 스핀라자는 SMN2 유전자의 결합을 억제해 정상적인 SMN 단백질을 만든다. 둘 중 어느 쪽이 더 효과가 좋은지는 명확하게 말하기 어렵다. 다만 졸겐스마의 경우 바이러스 벡터를 이용해 DNA를 전달한다는 점에서 1회 투여로 영구적인 효과를 기대해볼 수 있다.

그런데 앞에서 살펴본 멜로와 파이어의 실험에서, 단일 가닥, 즉 센스나 안티센스 가닥으로 실험했을 때는 변화가 없었다. 그 이유는 다음과 같다. RNA는 기본적으로 체내에서 분해가 잘된다. 특히 단일 가닥으로 주입하면 쉽게 분해된다. ASO가 안티센스 가닥 자체로 주입되면 체내에서 분해되므로, 이를 막기 위해 과학자들은 ASO를 만들 때 RNA의 구조를 변경해 체내 분해 효소에 의해 분해되는 것을 막는다. ASO는 치료의 핵심 물질만 인체에 직접 투입하기 때문에 상대적으로 제조 공정이 간편하다. 반면 siRNA나 miRNA는 두 가닥 형태로 만들어야 하므로 제조 과정이 좀 더 복잡하다. 게다가 체내에서 다이서와 리스크 단백질과 결합해야 하므로 작용 기전이 단순하지 않다.

그런데 RNA 중에 shRNA<sup>short hairpin RNA</sup>라는 RNA도 있다. 마이크로 RNA는 다이서에 의해 잘리기 전에 헤어핀이라는 특수한 구조를 형성하는데, shRNA는 헤어핀 구조를 이루는 RNA다. 질병 치료 목적의 shRNA를 만든다고 할 때, shRNA를 체내에 전달하기 위해서는 바이러스를 벡터로 사용한다. 그러려면 DNA 형태로 주입해야 한다. 유전자 치료와 비슷한 방법이다. 체내에 주입하면 DNA에서 shRNA가 만들어지고, 결과적으로 RNA 간섭 현상으로 표적 mRNA의 기능을 붕괴시킨다. ASO는 1회 투여하면 투여한 용량만큼 작용하지만, shRNA를 DNA 형태로 주입하면 벡터인 바이러스가 세포 내에서 소멸하기 전까지는 지속해서 shRNA가 만들어져 치료 효과를 볼 수 있다.

파킨슨병은 치매 다음으로 흔한 대표적인 퇴행성 뇌 질환으로, 운동 느림과 근육 강직 등의 운동장애를 일으킨다. 이 병은 운동에 꼭 필요한 도파민이라는 신경전달물질을 분비하는 일명 도파민 신경세포가 뇌에서 소실되어 발병한다. 파킨슨병 치료제로 엘도파L-Dopa라는 치료제가 사용되고 있지만, 이름에서 알 수 있듯이 도파민을 보충해줄 뿐 병의 원인을 근본적으로 치료하지는 못한다. 또 엘도파를 장기 복용하면 내성 문제와 부작용 등이 발생한다.

그래서 국내 연구진은 T-타입 칼슘 채널T-Type Ca2+ channel이 다양한 뇌 질환에 관여한다는 점을 규명하고, 칼슘 채널 중 하나인 CaV3.1이 파킨슨병과 관련됐다고 밝혀냈다. 이를 근거로 Cav3.1 유전자를 억제하는 ASO 방식의 파킨슨병 치료제를 개발하고 있다.

# 의약품 시장의 강자, 항체 치료제

369억 달러라면 현재 환율로 대략 48조 5,677억 원이라는 어마어마한 액수다. 그런데 이 엄청난 판매액을 단일 의약품 한 개가 2021년 한 해 동안 달성했다. 바로 화이자−바이오엔테크의 코로나19 백신 코미나티Comirnaty가 거둔 성과다. 코미나티는 2021년에 이어 2022년에도 전 세계 의약품 판매에서 1위를 차지했다. 2021년과 2022년은 코로나 대유행으로 전 세계인이 백신을 접종했기 때문에 코로나19 백신이 전 세계 의약품 중 1위를 고수했던 것이다.

그런데 코로나19라는 특수 상황이 아니라면, 어떤 의약품이 전 세계에서 가장 많이 팔릴까? 코로나19 대유행이 시작되기 이전인 2020년에는 류머티즘 관절염과 크론병 등 자가 면역 치료제인 애브비의 휴미라가 전 세계 의약품 판매 1위를 기록했다. 휴미라는 2002년 미국 FDA의 허가를 받은 뒤 2003년부터 본격적으로 판매되었다. 이후 2010년부터 2020년까지 10년간 1위 자리를 변함없이 꿰찼다.

전 세계가 일상으로 회복하면서 코로나19 백신 접종이 주춤해진

2023년에는 MSD의 면역 항암제 키트루다가 1위를 차지할 것으로 전망된다.* 키트루다는 2015년에 출시된 의약품으로 3세대 항암제로 불리는 면역 항암제의 대표 주자다. 2028년까지 누적 매출액 1위는 휴미라가 유지할 전망이지만, 그 후로는 키트루다가 누적 매출액 1위 자리에 오를 것으로 보인다. 코로나19 대유행 기간의 백신을 배제하면 사실상 전 세계 1위 의약품은 휴미라에서 키트루다로 교체되었다고 볼 수 있다.

휴미라는 자가 면역 질환 치료제이고 키트루다는 항암 치료제로, 한 가지 공통점이 있다. 바로 항체 치료제라는 점이다. 좀 더 정확히는 단일 클론 항체$^{mono clonal Antibody, mAb}$ 치료제다. 단일은 한 가지 표적, 즉 한 가지 항원만 공략한다는 의미다. 즉 단일 클론 항체 치료제는 표적으로 하는 대상만 공략하는 방식의 항체 치료제다. 가까운 미래에 전 세계 1위 의약품은 단일 클론 항체가 차지할 것이라는 전망은 요즘 바이오 의약품의 대세가 항체 치료제라는 점을 방증한다.

그렇다면 현재 의약품 시장을 호령하는 항체 치료제란 무엇이며, 어떤 장점이 있기에 전 세계에서 가장 많이 팔릴까?

---

- Evaluate Vantage, Evaluate Vantage 2023 preview, 2022. 12. 14.

3장 유전자, 단백질, 세포… 확장되는 바이오 의약품의 영역

# 한 놈만 죽인다, 특급 저격수 항체

인간 세계에도 군대가 있듯이, 우리 몸에도 외부에서 침입한 바이러스나 세균, 원래 정상 세포에서 비정상적인 세포로 변한 암세포 등과 싸우는 일종의 군대 조직이 있다. 바로 면역계다. 면역계에는 군인 역할을 하는 여러 일꾼이 있는데, 그 가운데 대표적인 것이 항체다. 항체는 면역세포 가운데 하나인 B–세포가 만드는데, 골수bone-marrow에서 유래해서 B–세포라고 부른다.

항체가 싸우는 외부의 적이 항원이며 한 개의 항체는 한 개의 항원을 특이적으로 인식하고 결합한다. 구체적으로는 항원의 특정 부위를 인지하고, 그 부위에 달라붙어 항원의 기능을 차단하는 것이다. 항체는 정확하게 표적으로 하는 항원에만 결합하기에 특이성이 높다. 표적이 아닌 항원에는 결합하지 않는다. 항체 치료제는 이 점에 착안해 개발됐다.

유방암을 예로 들어보자. 유방암 세포 표면에는 특히 많이 발현되는 단백질이 있다. 허2Human Epidermal growth factor Receptor 2, Her2 단백질이 대표적이다. 허2 단백질은 세포 내 성장 신호 전달에 관여하는데, 암세포의 경우 허2 단백질을 통한 성장 신호가 암세포의 성장을 촉진한다. 그러므로 허2 단백질의 기능을 차단할 수 있다면 암세포의 성장을 억제할 수 있다. 과학자들은 허2 단백질에 결합하는 항체를 개발했는데, 이것이 바로 유방암 항체 치료제인 허셉틴이다. 허셉틴을 투여하면 항체인 허셉틴은 유방암 세포 표면의 허2 단백질에 결합해 암세포 내부로 전달되는 성장 신호를 차단하고, 암세포의 성장이 억제된다. 게다가 허2 단백질에 결합한 허셉틴은 주위의 면역계를 자극해 면역세포가 암세포를 공격하도록 유도한다.

허셉틴의 성분명은 트라스투주맙Trastuzumab으로 −mab은 단일 클론 항체를 뜻한다. 그러니까 허셉틴이 표적 항원인 허2 단백질에만 결합한다는 의미다. 특히 주맙은 인간화humanized 항체라는 뜻이며 인간화 항

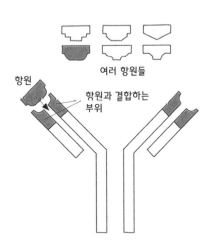

**항체의 구조**

체는 항체 일부를 생쥐에서 만든다.

항체는 가변 부위variable region와 불변 부위constant region로 나뉜다. 가변 부위는 Y자 모양의 항체에서 윗부분인 V자에 해당하는 부위로, 항체마다 특이적으로 인식하는 항원에 결합하기 위해 구조가 조금씩 다르다. 반면 Y자 모양의 항체에서 아랫부분인 I자에 해당하는 부위는 항원 인식과는 상관이 없어 항체마다 구조가 같다. 인간화 항체는 생쥐에서 만든 하이퍼 가변hyper variable 부위를 인간 항체에 이식한 것이다.

처음부터 인간 항체를 만들기란 쉽지 않아서 초기엔 생쥐의 항체를 이용했다. 그런데 생쥐 몸에서 만들어진 항체를 인간의 몸에 주입하면, 인간 면역계는 이를 외부의 적으로 인식하고 공격한다. 따라서 항체를 치료용 목적으로 이용하기 위해서는 면역 반응 문제를 해결해야 했다. 이를 위해 생쥐 항체에 이어 도입된 것이 키메라chimera 항체와 인간화 항체다. 이들 항체는 모두 생쥐에서 항체 일부를 도입하고 이에 대한 면역 반응을 억제하는 것이 목적이다. 그리고 인간화 항체에 이어 마침내 인간 항체fully human가 개발됐다.

인간 항체는 인간의 항체 유전자를 생쥐나 박테리아 등에 주입해 만든다. 이런 기술을 형질 전환 생쥐transgenic mice, 파지 디스플레이phage display 기술이라고 한다. 박테리오파지는 세균을 감염시키는 바이러스로, 목표로 하는 항체 유전자를 박테리오파지의 껍데기 유전자에 삽입하면 박테리오파지는 껍데기 단백질을 만들 때 주입한 인간의 항체 단백질도 함께 만든다. 껍데기에 항체 단백질을 올린다는 의미에서 파지 디스플레이라고 부른다. 이런 식으로 파지마다 그 껍데기에 한 개의 항체씩을 올려 수많은 파지 디스플레이를 만든다. 이를 파지 디스플레이라이브러리library라고 하는데, 파지에 올린 단백질의 총집합을 책이 꽂힌 도서관에 비유한 것이다. 그다음 표적으로 하는 항원에 가장 잘 결합하는 파지 디스플레이를 찾아내면, 바로 그 파지 디스플레이에 있는 항체가 치료제가 된다.

전 세계 판매 1위의 류머티즘 관절염, 자가 면역 질환 치료제 휴미라의 성분명은 아달리무맙Adalimumab으로 세계 최초의 인간 항체 치료제다. 파지 디스플레이 기술을 이용해 개발되었다. 브랜드명 휴미라는 human monoclonal antibody in rheumatoid arthritis의 약자다. 류머티즘 관절염의 경우 TNF-알파Tumor Necrosis Factor alpha라는 단백질이 병을 일으키는데, 아달리무맙은 TNF-알파와 결합해 병을 억제한다. TNF-알파가 과도하게 생성되면 만성 염증을 일으켜 조직을 망가뜨리는데, 휴미라는 TNF-알파의 기능을 억제하여 염증 반응을 줄인다. 바이오 기술이 발전하면서 항체를 활용한 치료제도 인간에게 좀 더 적합해져서 부작용은 줄고 효능은 더 늘어나는 방식으로 진화하고 있다.

# 치매 치료제와 인체의 면역 반응

고령화의 그늘로 불리는 치매는 발병 원인이 아직 알려지지 않았다. 현재 치매를 일으키는 가장 유력한 원인으로는 비정상적인 베타 아밀로이드 단백질의 응축으로 보인다. 이를 아밀로이드 가설이라고 한다.

지난 30여 년간 아밀로이드 가설을 근거로 베타 아밀로이드를 겨냥하여 치매 치료제를 개발해왔다. 하지만 신약 개발은 임상 3상에서 계속 실패했고, 급기야 아밀로이드가 치매의 원인이 아닐 것이라는 주장이 제기됐다.

이렇게 아밀로이드 가설이 흔들리는 가운데, 2021년 미국 FDA가 세계 최초로 베타 아밀로이드를 겨냥한 항체 치료제 아두카누맙Aducanumab을 승인했다. 그런데 아두카누맙은 승인이 나기 전부터 부작용에 대한 논란이 대두되었다. 아두카누맙의 대표적인 부작용 가운데 하나가 아리아Amyloid-Related Imaging Abnormalities, ARIA 라고 하는 뇌부종과 체액 축적이다. 이듬해인 2022년, 미국 FDA는 베타 아밀로이드를 겨냥한 항체 치료제 레카네맙Lecanemab을 승인했다. 레카네맙의 인지 기능

개선 효과는 27퍼센트로 아두카누맙보다 다소 높은 대신, 부작용은 아두카누맙의 10분의 1 수준으로 알려졌다.

2023년 6월 기준으로, 사실상 레카네맙은 유일한 알츠하이머 치매 치료제라고 할 수 있다. 아두카누맙과 레카네맙 모두 베타 아밀로이드를 표적으로 하는 항체 치료제다. 그런데 두 치료제는 베타 아밀로이드를 공략하는 단계가 다르다. 베타 아밀로이드는 한 개의 베타 아밀로이드가 서로 뭉치면서 비정상적인 덩어리인 플라크를 형성한다. 그런데 레카네맙은 아두카누맙보다 더 이른 단계의 베타 아밀로이드를 공략한다. 베타 아밀로이드 형성 과정 중 좀 더 초기 단계에서 항체 치료제가 작용하는 것이다. 과학자들은 레카네맙이 아두카누맙보다 부작용은 훨씬 적고 효과는 좋은 이유가 이 때문이라고 파악한다.

레카네맙이 꺼져가는 아밀로이드 가설을 되살렸다고는 하지만, 그렇다고 해서 아밀로이드를 겨냥한 항체 치료제가 문제가 없다는 얘기는 아니다. 아밀로이드를 표적으로 한 항체가 왜 아리아를 일으키는지는 아직 밝혀지지 않았기 때문이다. 다만 뇌 속 면역세포의 염증 반응이 아리아와 관련이 있을 것으로 추정하고 있다. 면역세포 가운데 마이크로글리아microglia는 대식 작용이 있는 세포인데, 아밀로이드 베타를 겨냥한 항체의 가변 부위가 아밀로이드 베타에 결합하면 항체의 불변 부위가 마이크로글리아 표면의 수용체에 결합한다. 그러면 마이크로글리아가 베타 아밀로이드와 결합한 항체를 세포 내로 끌고 들어와 분해한다. 마이크로글리아가 잡아먹은 아밀로이드 베타는 나쁜 병원체 물질로 인식돼 마이크로글리아에서 염증 반응에 관련된 단백질이 분비된다. 이 현상이 염증 반응에 매우 취약한 뇌에서 일어날 경우 뇌에 물이

차거나 뇌출혈이 일어날 수 있다.

이런 측면에서 베타 아밀로이드를 겨냥한 치료제의 염증 반응을 줄이는 것은 베타 아밀로이드 항체 개발에서 중요한 이슈다. 흥미롭게도 뇌에서 정상적으로 죽어가는 세포는 마이크로글리아에 의한 염증 반응이 일어나지 않는다. 이에 착안해 국내 연구진은 마이크로글리아를 속여 베타 아밀로이드를 정상적으로 죽어가는 세포로 인식하게 만드는 방식의 치매 치료 물질을 개발하고 있다.•

---

• Hyuncheol Jung 외, Anti-inflammatory clearance of amyloid-β by a chimeric Gas6 fusion protein, 《Nature Medicine》, 2022. 8. 4.

# 양손잡이 2중항체

앞에서 살펴본 허셉틴, 휴미라, 키트루다는 모두 항체 치료제이자, 단일 클론 항체다. 단일 클론 항체는 한 개의 항원만 표적으로 하여 달라붙는데, 단일 클론 항체 두 개를 한 개의 항체로 만든다면 어떨까? 쉽게 말해 몸통은 하나인데, 두 개의 팔로 각각의 항원을 인지하고 결합하는 것이다. 항체의 가변 부위에서 왼쪽이 한 개의 항원을 인식하고 오른쪽이 또 다른 한 개의 항원을 인지하여 서로 다른 항원을 붙잡는 셈이다. 이런 방식의 항체를 2중항체bi-specific monoclonal antibody라고 한다. 2중항체는 두 개의 항원을 동시에 인식한다는 점에서 단일 클론 항체와 차별성을 가진다.

2중항체는 한 개의 항체로 단일 클론 항체 두 개가 작용하는 것과 같은 효과를 낼 수 있다. 팔이 두 개면 여러 점에서 활용도가 높다. 예를 들어 B−세포 급성 림프구성 백혈병B-cell acute lymphoblastic leukemia은 백혈병의 일종으로, B−세포가 암세포로 변해 발병한다. 2중항체의 한쪽 팔은 암세포로 변한 B−세포 표면의 CD19 단백질을 표적으로 하고, 나머지 한쪽 팔은 T-세포 표면에 발현하는 CD3 단백질을 붙잡는다. 이렇게 T-세포와 암세포인 B-세포를 붙잡아서 T-세포가 B-세포를 공격하게 하는 것이다. 2014년, 미국 FDA는 2중항체 치료제 블리나투모맙Blinatumomab을 승인했다.

한편 A형 혈우병은 8번 혈액응고인자에 문제가 생겨 발병한다. 미국 FDA가 2017년에 승인한 2중항체 치료제 이미시주맙Emicizumab은 혈액응고인자 9번과 10번을 표적으로 한다. 체내에서 8번 응고인자는 10번 응고인자를 활성화하는 데 핵심적인 역할을 한다. 10번 응고인자는 안정적인 혈액 응고에 필수적인데, 이미시주맙은 9번과 10번 응고인자를 동시에 붙잡아 둘 사이를 가깝게 함으로써 8번 응고인자가 없어도 10번 응고인자를 활성화한다.

또한 아미반타맙Amivantamab은 비소세포 폐암 치료제로, 2020년 미국 FDA에서 승인받았다. 아미반타맙은 EGFR 돌연변이 가운데 하나인 EGFR 엑손20 삽입 돌연변이EGFR exon 20 insertion mutations에 쓰이는데, 비소세포 폐암에 발현되는 EGFR 단백질과 MET 단백질을 각각 표적으로 삼는다.

우리나라 성인 남성의 뇌 무게는 대략 1,300~1,400그램으로, 체중을 70킬로그램이라고 가정했을 때 2퍼센트 미만을 차지한다. 체중에서 뇌의 비중은 미미하지만, 인체 내에서 뇌만큼 중요한 곳은 없다. 워낙 중요하다 보니 뇌는 일반 장기와는 다른 방식으로 보호받는다. 뇌-혈관 장벽brain blood barrier이라는 것이 뇌를 둘러싸고 있어서 세균이나 바이러스의 침입으로부터 뇌를 보호하는 것이다. 그런데 때때로 뇌-혈관 장벽이 뇌 보호에 방해물이 되기도 한다. 치매와 파킨슨병 등은 모

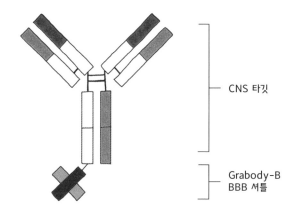

CNS 타깃

Grabody-B
BBB 셔틀

BBB 셔틀 기반 2중항체

두 뇌에 문제가 생겨 발병하는 질환이다. 뇌에 발생하는 질병을 통상 CNS<sup>Central Nervous System</sup> 질환이라고 한다. 기본적으로 CNS 질환 치료제는 뇌에서 작용해야 하므로 뇌-혈관 장벽을 통과해야 하는데, 약물은 대부분 뇌-혈관 장벽을 잘 통과하지 못한다. 이때 유용한 것이 2중항체다. 2중항체의 한쪽 팔에 치료용 약물을 결합하고, 다른 한쪽 팔은 뇌-혈관 장벽을 통과할 수 있는 수용체를 붙잡도록 설계하는 것이다. 그러면 2중항체가 약물을 끌고 뇌-혈관 장벽을 통과해 뇌로 들어간다. 2중항체가 일종의 셔틀 역할을 한다고 해서 BBB 셔틀이라고 부른다. 전세계적으로 치매 치료제를 개발하는 기업들의 관심사 가운데 하나가 뇌-혈관 장벽을 통과하는 것으로, 이런 점에서 BBB 셔틀이 치매 치료의 새로운 열쇠로 주목받고 있다.

3장 유전자, 단백질, 세포… 확장되는 바이오 의약품의 영역

# 항체와 세포 독성 약물의 랑데부, ADC

항체 치료제는 주로 표적으로 하는 물질이 세포 표면에 있어서 세포 내부로 신호를 전달하는 신호 전달 과정의 첫 단추에 적용된다. 암세포의 경우에는 암세포의 성장과 관련한 신호를 차단하는 방식으로 작용한다. 그런데 암세포의 성장 신호를 차단하는 것이 아니라, 아예 암세포 내부로 폭탄을 전달하면 어떨까?

항체 약물 접합체Antibody Drug Conjugate, ADC는 이런 개념을 바탕으로 출발했다. ADC에서 항체는 암세포 표면에 있는 특정 수용체receptor에 달라붙는다. 그러면 ADC가 세포 안으로 끌려 들어가는 엔도사이토시스receptor-mediated endocytosis가 시작된다. 일단 ADC가 세포 안으로 들어가면 세포 바깥과 다른 pH 환경으로 인해 세포 독성 약물이 ADC에서 분리된다. 폭탄이 암세포 안에서 터지는 것이다. ADC에 쓰이는 약물은 항암제라고 부르지 않고 세포 독성 약물이라고 일컫는다. 독성이 강해 일반 세포에 미치는 영향이 크기 때문이다. 따라서 세포 독성 약물은 일반적으로 치료제로는 쓰이지 않지만, ADC는 세포 독성 약물을 암세포 안으로 끌고 들어가기 때문에 사용한다.

ADC의 핵심은 세포 독성 약물이 혈중에서는 분리되지 않고 암세포 안에서만 터지도록 하는 것이다. 그리고 정상 세포에는 접근하지 말아야 하며, 혹시 접근하더라도 세포 독성 약물이 터지지 않아야 한다. 이를 위해 ADC 개발 업체에서는 다양한 전략을 구사한다. 일단 항체를 이용해 암세포를 표적으로 하고, 여기에 더해 세포 독성 약물의 구조를 조금 바꾼다. 예를 들어 정상 세포 내부와 암세포 내부의 환경이 다르다는 점을 이용해 정상 세포에서는 비활성 형태로 존재하지만, 암세포에서는 활성 상태로 바뀌도록 독성 약물의 구조를 바꾸는 것이다.

케사일라 Kecyla는 단일 클론 항체 트라스투주맙에 세포 독성 약물 DM1을 결합한 것이고, 엔허투 Enhertu는 트라스투주맙에 세포 독성 약물 데룩스테칸을 연결한 ADC 유방암 치료제다. 케사일라와 엔허투는 모두 허2 양성 유방암을 대상으로 하지만, 엔허투는 케사일라와 달리 허2 발현이 낮은 유방암에도 효과가 있다. 허2 발현이 낮은 유방암 환자의 경우, 허2 자체의 양이 적지만 없는 것은 아니다. 엔허투는 적은 양의 허2 유방암 세포에 들어가 독성 약물을 분비하는데, 이 약물이 흘러나와 그 근처에 있는 허2 발현이 적은 암세포를 죽인다. 이런 효과를 방관자 효과 bystander effect라고 한다. 엔허투는 방관자 효과로 허2 발현이 적은 유방암 환자에게도 효능이 탁월한 것으로 나타나면서 전 세계적으로 주목받았다.

엔허투의 성공은 ADC 시장에 지각 변동을 불러왔다. 엔허투 자체의 효능이 탁월한 점도 있지만, 몇 가지 이유가 있다. 허셉틴부터 휴미라에 이르기까지 현재 바이오 의약품의 대세는 단일 클론 항체다. 따

3장 유전자, 단백질, 세포… 확장되는 바이오 의약품의 영역

라서 글로벌 톱 티어 기업 어디서나 항체 치료제를 만들 줄 안다는 얘기다. 그래서 항체 치료제 시장이 포화 상태에 도달한 것이다. 그렇다면 항체를 잘 만드는 회사들이 찾는 다음 먹거리는 무엇일까? 그런 면에서 항체에 독성 약물을 붙이는 ADC는 구미가 당기는 아이템일 것이다. 항체를 생산하는 대형 공장을 보유한 글로벌 제약기업에서는 세포 독성 약물 생산 공장과 독성 약물을 항체에 접합하는 공정만 추가하면 ADC를 만들 수 있다. 글로벌 대형 제약기업들의 현실적 수요와 엔허투의 성공이 맞물리면서 ADC 시장은 폭발적으로 성장할 것으로 보인다.

이에 따라 ADC를 위탁 생산하는 기업도 속속 등장한다. 우리나라는 기존의 항체 치료제 위탁 생산의 세계적인 거점이다. 삼성바이오로직스는 전 세계 톱 티어 수준의 항체 위탁 생산 기업으로, 2023년에 ADC 위탁 생산에 진출하겠다고 공식적으로 밝혔다.

여기서 한 가지 짚고 넘어갈 점은 자본력을 지닌 우리나라 대기업들이 ADC 신약 개발에 직접 나서기보다는 상대적으로 쉬운 위탁 생산의 길을 택했다는 사실이다. 대기업이 신약 개발보다는 위탁 생산을 택한 데는 이유가 있다. 신약 개발에는 기본적으로 10년 이상의 기간이 걸리고 1조 원 이상의 돈이 들어가지만 성공 확률은 10퍼센트 미만으로 극히 낮다. 이런 모험을 하고 싶은 기업은 없을 것이다.

그러면 국내에서는 ADC 신약을 개발하는 기업은 없을까? 그렇지 않다. 물론 신약 개발 기업은 대부분 자금력이 달려서 ADC 신약을 개발해도 전임상이나 임상 초기 단계에서 기술을 수출한다. 그렇다면 국내 ADC 바이오 벤처들은 국내 대기업의 ADC 진출을 어떻게 바라볼까? 복잡 미묘한 심정이겠지만, 대체로 환영하는 분위기다. 국내 바이오 벤처가 ADC 신약을 개발해도, 동물실험이나 인체 임상시험에 쓸 신약 후보 물질 자체를 생산하지는 못한다. 따라서 다른 기업에 위탁 생산해야 한다. 지금까지는 국내 ADC 위탁 생산 기업이 없어 해외에 위탁해야 해서 비용도 비싸고 오가는 데 시간도 오래 걸려 불편한 점이 많았다. 그런데 국내에서 위탁 생산한다면 비용과 기간을 대폭 줄일 수 있다. 한편으로 벤처 기업은 원천 기술을 개발하고 대기업이 위탁 생산하는 선순환 구조도 기대해볼 수 있다.

# 본질에 더 가깝게, 바이러스를 속여라!

가고시마는 오키나와를 제외하고 일본 본토의 최남단이다. 겨울에도 날씨가 춥지 않아서 국내에서도 겨울이면 많이 찾는 여행지다. 가고시마는 고구마 소주로 유명하지만 고등어로도 꽤 유명해서, 여행객은 한 번쯤은 고구마 소주에 고등어회를 먹었을 것이다.

일본에서는 보통 회를 숙성해서 먹고, 우리나라에서는 생선을 잡자마자 먹는 활어회를 선호한다. 숙성 회를 좋아하는 사람들은 감칠맛이 더 좋다고 하고, 활어회를 즐기는 사람들은 신선해서 좋다고 말한다. 숙성 회를 즐기든 활어회를 먹든, 그것은 개인의 취향 차이다. 어떤 방식이든 생선 본연의 맛을 충실히 내는 게 핵심이다.

본연의 맛, 즉 본질은 생선회에만 중요한 것이 아니다. 생명체는 기본적으로 본질, 즉 본연의 모습, 자연 그대로의 상태를 선호한다. 바이러스의 감염을 예방하기 위해 예방 백신을 접종할 때, 백신은 바이러스의 일부를 흉내 낸 물질이다. 좋은 백신은 바이러스의 항원을 최대한 실제와 유사하게 체내에서 구현하는 것이다. 그래야 면역 반응이 강하게 일어나고, 바이러스 항원에 대한 항체가 강력하게 형성된다.

코로나19 바이러스를 예로 들어보자. 코로나19 백신은 코로나 바이러스의 스파이크 부위를 목표로 한다. 스파이크는 코로나19 바이러스가 우리 몸에 침입할 때 인체 세포의 자물쇠를 여는 열쇠 역할을 한다. 따라서 코로나19 바이러스의 스파이크 부위를 백신으로 만들어 미리 맞으면, 이에 대한 항체가 형성돼 실제 코로나19 바이러스에 감염되어도 항체가 바이러스의 스파이크 부위에 달라붙어 열쇠 기능을 붕괴시킨다.

코로나19 재조합 단백질 백신은 스파이크 부위를 단백질 형태로 만든 백신인데, 이 지점에서 생명체의 본연, 본질의 값어치가 드러난다. 스파이크는 코로나19 바이러스의 유전물질인 RNA를 감싸는 껍데기 단백질 가운데 하나로, 둥그런 원형의 껍데기 가운데 돌기처럼 솟아 있는

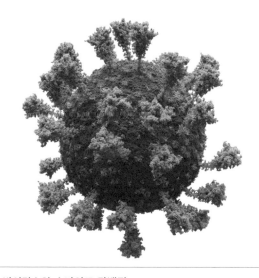

코로나19 바이러스의 스파이크 단백질

3장 유전자, 단백질, 세포⋯ 확장되는 바이오 의약품의 영역

단백질이다. 코로나19 재조합 단백질을 만들면서 스파이크 부위를 돌기 형태로만 만들면, 기대했던 것만큼 강한 면역 반응을 일으키지 못한다. 본질에서 벗어났기 때문이다.

이 문제를 해결하려면 실제 코로나19 바이러스와 비슷한 모습을 구현해야 한다. 재조합 단백질 백신을 만들 때 둥그런 형태의 코어 물질을 만들고, 이 코어 물질에 돌기처럼 생긴 스파이크 단백질을 결합하는 식이다. 실제로는 코로나19 바이러스가 아니지만, 마치 코로나19 바이러스인 것처럼 최대한 모습을 흉내 낸 셈이다. 이런 형태로 재조합 단백질을 만들어 주입하면, 돌기 형태의 스파이크만 주입한 백신보다 훨씬 강한 면역 반응을 유도할 수 있다. SK바이오사이언스는 이런 방식의 재조합 단백실 코로나19 백신의 싱용화에 성공했다. 그러나 아쉽게도 상용화 시기가 상대적으로 많이 늦어져서 백신 시장에서 외면받았다. 실제 코로나19 대유행에서는 이전에는 없었던 mRNA 방식의 백신이 세계 최초로 상용화됐고 그 시기도 빨랐다. 미국 기업이 개발한 재조합 단백질 방식의 코로나19 백신도 mRNA 백신보다 한참 늦게 미국 FDA의 승인을 받아 시장에서 크게 활용되지 못했다.

이전에 없던 새로운 감염병이 유행하면 백신이 꼭 필요하다. 코로나19 사태는 과학기술이 신종 감염병에 어떻게, 얼마나 신속히 대응할 수 있는지 여실히 보여주었다.

# 인간 사회만큼이나 다양한 우리 몸의 일꾼

앞에서 살펴봤듯이, 타이로신 키나아제에 인산기가 붙으면 이를 기점으로 세포 성장과 같은 특정 신호를 다른 생체 물질에 전달한다. 신호 전달은 연이어 일어나는데, 각각의 신호 전달에 관여하는 물질은 바이오 마커로서 치료제 개발의 표적으로 활용될 수 있다. 이런 점에서 바이오 분야에서 주요 연구 가운데 하나는 신호 전달 체계를 규명하는 것이다.

파킨슨병은 대표적인 운동장애 질환으로, "나비처럼 날아서 벌처럼 쏜다"는 명언을 남긴 전설의 복싱 선수 무하마드 알리, 교황 요한 바오로 2세, 할리우드 영화배우 마이클 J. 폭스 등이 이 병을 앓았다. 파킨슨병은 도파민이라는 신경 전달 물질을 만드는 뇌의 신경세포에 문제가 생겨 발생한다. 도파민 신경세포가 도파민을 만들어 다른 신경세포로 전달되면 신경세포 간에 신호 전달이 이뤄진다. 특히 도파민은 운동과 관련된 신경 신호를 전달하는 물질이다.

또 다른 신경 전달 물질인 세로토닌은 주로 행복에 관여하는 것으로 알려졌는데, 흥미롭게도 근육 수축에도 관여하는 것으로 규명됐다. 국내 한 연구진은 뇌가 스트레스를 받으면 신경 전달 물질인 세로토닌이 과도하게 분비되고 세로토닌이 근육을 조절하는 신경을 강하게 자극하면, 몸의 근육이 수축하면서 근긴장이상증을 유발한다는 점을 규명했다.•

항체, 생체 효소, 신경 전달 물질부터 유방암 세포 표면에 많이 발현하는 허2, 류머티즘 관절염 등의 자가 면역 질환에 관여하는 TNF−알파, 면역세포의 브레이크 역할을 하는 PD−1 등은 모두 단백질이다. 이외에도 우리 몸에는 무수히 많은 단백질이 존재한다. 질병 치료제 중에서도 과학자들의 주된 관심은 암 치료제인데, 암은 정상 세포가 무한히 성장하는 세포로 변하는 것이므로 세포 성장 신호와 밀접한 관련이 있다. 세포의 성장 신호는 대개 세포막에 존재하는 수용체 단백질에 특정 물질이 달라붙으면서 촉발된다. 그래서 초기 항암제 연구의 주요 표적은 세포막 단백질이었다. 허2나 EGFR−TK는 모두 세포막에 존재한다. 또 면역세포 표면에 존재하는 PD−1 역시 세포막 단백질이다. 또한 세포막에는 신호 전달과 관련한 여러 단백질뿐만 아니라 이온 채널 단백질도 있다.

몸에서 다양한 기능을 수행하는 단백질을 이해하기 위해서 단백질의 청사진인 유전자를 규명하는 것도 중요하지만, 단백질이 어떤 구조

--------------------------------------------------

• Jung Eun Kim 외, Cerebellar 5HT−2A receptor mediates stress−induced onset of dystonia, 《Science Advances》, 2021. 3. 3.

로 이뤄졌는지를 파악하는 게 무엇보다 중요하다. 단백질의 기본 단위는 아미노산이다. 아미노산이 여러 개 결합한 것을 펩타이드라고 하고, 펩타이드가 여러 개 결합한 것이 단백질이다. 따라서 단백질은 덩치가 꽤 큰 분자다. 크기가 크다 보니 화학적으로 합성한 저분자 의약품처럼 먹는 약으로 만들 수가 없다. 그래서 단백질 의약품은 브랜드명이 ~주로 끝나는 반면, 먹는 약인 저분자 의약품은 ~정으로 끝난다.

크기도 크고 복잡한데도 단백질의 구조에 과학자들이 관심을 두는 이유는 단백질의 구조를 알아야 단백질을 공략하는 물질을 개발할 수 있기 때문이다. 단백질 구조는 사슬 모양의 알파 헬릭스 구조와 병풍 모양의 베타 시트 구조, 알파와 베타가 섞인 3차 구조, 3차 구조끼리 결합하거나 접히는 4차 구조가 있다. 단백질은 최종적으로 접힘까지 이뤄지는 4차 구조가 완성돼야 비로소 제 기능을 수행한다. 단백질 구조를 밝히려면 X선 결정학이나 극저온 전자 현미경 등을 이용하는데, 수개월에서 수년이 걸린다. 이런 식으로 지금까지 규명된 단백질 구조는 인간이 알고 있는 단백질의 약 1퍼센트에 불과하다.

그런데 지지부진하던 단백질 구조 연구는 인공지능과 결합하면서 비약적으로 발전했다. 2018년 구글 딥마인드는 단백질 구조를 예측하는 인공지능인 알파 폴드를 개발해 세상을 깜짝 놀라게 했다. 또 미국 워싱턴대학 단백질 설계 연구소에서는 단백질 구조를 예측하는 인공지능인 로제타 폴드를 개발했다. 로제타 폴드는 코로나19 팬데믹 당시 SK바이오사이언스가 개발한 재조합 단백질 코로나19 백신의 나노 코어 물질을 제공하기도 했다. 알파 폴드와 로제타 폴드에서 폴드는 단백질의 접힘을 의미한다. 그만큼 단백질의 구조에서 접힘이 중요하다는

3장 유전자, 단백질, 세포… 확장되는 바이오 의약품의 영역

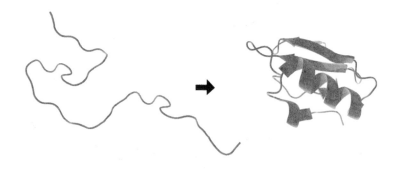

단백질 접힘

의미다. 인간과 같은 진핵생물은 단백질 접힘이 일어나지만, 세균과 같은 원핵생물은 단백질 접힘 현상이 없다. 따라서 인간의 단백질을 세균에서 생산하면 세균에서는 접힘이 일어나지 않기 때문에 별도로 접는 공정을 거쳐야 온전한 단백질 구조가 완성된다. 산업적으로 단백질을 대량 생산할 때 이는 결국 비용으로 직결된다.

　바이오 분야 연구도 유행에 따라 조금씩 변화했다. 2001년 인간 유전체 지도 초안이 발표된 이후, 모든 연구는 유전자의 염기 서열 해독으로 쏠렸다. 이를 지노믹스genomics라고 한다. 당시 과학자들은 유전자의 염기 서열을 해독하면 인류가 질병을 정복할 수 있을 것으로 기대했지만, 얼마 지나지 않아 염기 서열만 해독해서는 힘들다는 것을 깨달았다. 해독한 염기 서열이 무슨 의미인지, 바꿔 말해 특정 유전자의 기능인지 규명해야 한다는 사실을 인지했던 것이다. 그래서 유전자의 기능을 규명하는 연구 학풍을 펑셔널 지노믹스functional genomics라고 한다. 펑셔널 지노믹스에서 한발 더 나아간 것이 유전자가 발현된 단백질의 기능과 구조를 연구하는 것이다. 이를 프로테오믹스proteomics라고 한다.

지노믹스부터 펑셔널 지노믹스, 프로테오믹스까지 발전했지만, 질병 정복까지는 여전히 갈 길이 멀다. 그래서 다시금 새로운 학풍이 일어났는데, 그것이 멀티 오믹스다. 이 책을 쓰고 있는 2023년 4월 현재는 멀티 오믹스도 이제는 한물간 학풍이다.

과학자들은 이를 대체할 또 다른 학풍을 찾고 있다. 이렇게 새로운 학풍을 찾는 이유는 여러 가지가 있지만, 그중의 하나는 다음과 같다. 언제부터인가 특정 용어를 한두 사람이 사용하기 시작하고 그것을 시발점으로 눈덩이처럼 확산하면 학풍이 된다. 일단 학풍으로 자리매김하면 너도나도 그 연구를 하겠다고 나선다. 그래야 연구 과제 지원을 받을 수 있기 때문이다. 많은 과학자들이 그 학풍으로 몰리면 한쪽에서 다시금 새로운 학풍을 만들기 시작한다. 이전의 학풍과 내용은 별반 차이가 없지만, 외형적으로는 더 세련되고 참신해 보인다. 그러면 또다시 새로운 학풍에 연구비 수주 흐름이 한 바퀴 돈다. 그리고 똑같은 상황이 반복된다.

새로운 학문적 연구의 흐름은 자연 발생적이며 막으려고 해도 막을 수 없다. 제대로 된 연구자라면 학문적 흐름에 발맞춰 진취적으로 연구해야 한다. 따라서 유행에 편승하듯이 이전의 연구를 재탕하는 연구를 지속해서는 곤란하다.

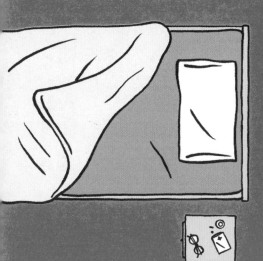

# 4장

# 세포를 공략하라, 바이오 의약품의 또다른 혁신

# 세포, 우리 몸의 소우주

2023년 4월, 미국 항공우주국 NASA의 고다드 우주비행센터장으로 임명된 매킨지 리스트럽Makenzie Lystrup은 왼손을 책 위에 올린 채 취임 선서를 했다. 리스트럽이 왼손을 올린 책은 성경이 아니라 1994년 천문학자 칼 세이건이 쓴《창백한 푸른 점》이었다. 이는 세이건이 지은 책의 제목이자 1990년 보이저 1호가 태양계를 벗어나기 전 지구를 찍은 사진이기도 하다. 지구에서 약 61억 킬로미터 떨어진 해왕성 궤도 밖에서 사진을 찍었는데, 드넓은 우주 가운데 지구가 푸른색 점처럼 찍힌 것이다. 이렇듯 우주는 광활하고 그 끝이 어디인지 아직도 모른다. 한마디로 우주는 경외

**창백한 푸른 점**　　　　ⒸNASA

의 대상이자 미지의 영역이다.

그런데 내게는 우주만큼이나 흠모의 대상이며 알 수 없는 영역이 하나 더 있다. 바로 생명체의 기본 구성 단위인 세포다. 세포는 눈에 보이지 않을 정도로 작다. 그 작은 세포 안에는 세포 내 에너지 공장으로 불리는 미토콘드리아를 비롯해 다양한 세포 내 소기관이 있고, 유전물질인 DNA는 핵이라는 세포 내 소기관에 보관돼 있다.

DNA가 RNA로 전사되기 위해서는 전사 인자 등 여러 단백질이 필요한데, 전사는 핵 안에서 일어난다. 전사된 RNA가 단백질로 번역되는 과정에는 리보솜과 운반 RNA<sup>tRNA</sup> 등 여러 번역 인자가 관여한다. 번역은 전사와 달리 핵이 아닌 세포 내 공간인 세포질에서 일어난다. 단백질이 만들어시면 난백실에 당이 붙는 번역 후 조정<sup>post translational modification</sup> 과정이 진행된다. 이런 과정을 거쳐 만들어진 단백질은 세포 안에서 임무를 수행하기도 하지만, 어떤 단백질은 세포 밖으로 분비돼 또 다른 일을 수행한다. 이런 복잡한 일들이 100만 분의 1미터인 마이크로미터<sup>μm</sup> 크기의 세포 안에서 매일 일어난다.

놀랍게도 세포 안에서 벌어지는 일들은 대부분 실수가 없다. 만에 하나 실수가 발생하더라도 세포는 이를 교정하거나 복원하는 기전을 갖추고 있다. 모든 세포는 부모로부터 물려받은 유전자를 지닌다. 그런데 똑같은 유전자를 지난 세포인데도 그 운명은 저마다 다르다. 어떤 세포는 심장 세포가 되고, 어떤 세포는 폐 세포가 된다. 그런가 하면 또 어떤 세포는 뇌에서 작용하는 세포가 된다.

같은 유전자, 즉 같은 청사진을 지닌 세포가 이렇게 각각의 세포로 분화하는 것은 왜일까? 뇌에는 수많은 세포가 존재하는데 신경세포가 대표적이다. 초기 뇌 연구에서 과학자들은 신경세포가 뇌의 인지 기능에서 중추적인 역할을 한다고 보았다. 하지만 많은 연구를 통해 신경세포 이외의 성상교세포astrocyte 등 다른 뇌세포들도 중요한 역할을 한다는 사실이 규명됐다.

인간은 세월이 지나면 늙듯이, 세포도 늙는다. 노인을 젊은이로 되돌리는 것이 불가능하듯, 한번 노화한 세포는 젊은 세포로 되돌릴 수 없다. 하지만 노화 세포도 특정 유전자를 이용하면 젊은 세포로 되돌릴 수 있다는 연구 결과가 속속 등장하고 있다. 세포는 우리가 아는 것보다 훨씬 능동적이며 주변 환경에 역동적으로 대응한다. 이런 측면에서 세포는 여전히 탐험의 대상이며, 소우주라는 표현이 전혀 이상하지 않다.

세포에 대해 할 이야기는 무궁무진하지만, 이 책에서는 주로 치료 측면에서 세포를 다뤄보려 한다.

# 브루투스, 너마저?

현재의 프랑스를 포함해 서유럽과 이집트 등 지중해까지 로마의 영도를 넓힌 장군이자, 날력을 정비하고 국민에게 도움이 되는 새로운 법률을 시행한 정치인 율리우스 카이사르. 로마의 역사를 논할 때 빼놓을 수 없는 인물이라 그의 업적만으로도 할 얘기가 많지만, 후세 사람들의 뇌리에 각인된 것은 단연 그의 죽음에 관한 이야기일 것이다.

기원전 44년 3월 15일, 카이사르는 암살당했다. 그의 암살이 후대에도 길이길이 회자되는 것은 암살의 배후에 친구이자 동료인 카시우스뿐만 아니라 카이사르의 양자인 브루투스가 포함됐기 때문이다. "브루투스, 너마저?"는 죽기 일보 직전에 자신을 향해 비수를 꽂은 브루투스를 향해 카이사르가 남긴 말이다. 천하를 제패했던 희대의 명장도 가까운 이의 배신에는 당할 재간이 없었다. 전쟁에서 적군보다 무서운 것이 배신한 아군이다. 흥미롭게도 인간사의 이 평범한 진리는 우리 몸의 세포에도 똑같이 적용된다.

통계청이 발표한 2021년 기준 사망 원인 통계를 살펴보면, 암이 1위를 차지했다. 전체 사망자의 26퍼센트가 암으로 사망했고, 암 사망률은 인구 10만 명당 161.1명으로 나타났다. 암은 사망 원인 통계가 작성된 1983년 이후 줄곧 1위를 차지하고 있다. 도대체 암은 어떤 질병이기에 부동의 1위를 기록하는 것일까? 통계청 사망 원인 자료에서 암은 다음과 같이 정의된다. "암은 정상 세포 이외의 세포가 생체 기능에 필요도 없이 증식해 인접 정상 조직을 파괴하는 질병으로, 기계적·내분비적·화학적으로 장애를 일으키며 원발 부위에서 다른 부위로 전이해서 증식하는 능력을 지닌 질환군을 총칭한다." 이 정의에서 암에 대해 단서를 얻을 수 있다.

원래 우리 몸의 정상적인 기능을 수행하는 세포가 유전적 요인, 흡연이나 음주 등의 환경적 요인 등으로 비정상적인 세포로 변한 것이 암세포다. 여기서 말하는 비정상적인 세포란 무한히 증식하는 세포를 말한다. 세포가 무한히 증식하면 어떤 일이 벌어질까? 세포가 증식한다는 것은 한 개의 세포가 두 개의 세포로 분열한다는 뜻이다. 한 개가 두 개가 되고, 두 개가 네 개가 되는 과정을 무한히 반복하면 한 개의 세포는 2의 n승으로 급격히 늘어난다. 이렇게 불어난 세포들은 생존을 위해 주변의 영양분을 빨아들인다. 이를 위해 암세포는 신생 혈관을 만든다. 암세포가 주변의 영양분을 빨아들이면 주변의 정상 세포들은 영양분을 충분히 공급받지 못한다. 급기야 굶어 죽는 정상 세포가 생긴다. 그래서 정상적인 기능이 수행되지 않는다. 이로 인해 기계적·내분비적·화학적 장애가 발생한다.

한편 암세포 일부는 암 조직에서 떨어져 나와 혈관을 타고 다른 조직으로 이동하고 그곳에 정착하여 암 조직을 새롭게 만든다. 암세포가 원래 발생했던 부위를 원발암이라고 한다. 유방암이 발병했는데 유방암 세포가 폐로 전이했다면 유방암을 원발암이라고 한다. 폐로 전이된 암은 원래 있었던 장소가 유방이기에 유방암의 성격을 그대로 가진다. 그래서 전이암은 전이 장소에 상관없이 원발암의 특성을 가지며, 치료도 원발암을 대상으로 한 약물을 투여한다.

앞에서 혈액을 타고 이동하는 암세포를 순환 종양 세포라고 한다고 설명했는데, 순환 종양 세포는 암 조직에 있는 것이 아니라 혈액에 존재한다는 점에서 암을 진단하는 데 효과적인 바이오 마커다. 기존의 암 진단은 침습적으로 조직에서 암세포를 떼어내 확인해야 해서 환자에게 고통이 따른다. 그런데 순환 종양 세포는 환자의 혈액을 채취하는 거라 상대적으로 덜 아프게 암에 걸렸는지 확인할 수 있다. 다만 혈액 내 순환 종양 세포의 수가 아주 적다는 점에서 극미량의 순환 종양 세포를 검출하는 기술이 암 진단의 핵심이다.

암세포는 원래 우리 몸의 정상 세포였기에 우리 몸을 아주 잘 안다. 즉 인체 면역계가 어떻게 작동하는지 잘 알고 있다는 얘기다. 그렇기에 암세포는 면역세포의 공격을 회피하는 나름의 방법이 있다. 그 대표적인 방법이 앞서 설명한 PD-L1을 이용해 T-세포에 제동을 거는 것이다. 또한 어떤 약이든 반복해서 투여하면 내성이 생긴다. 내성이 생기면 약을 투여해도 효과가 없다. 항생제의 경우엔 세균이 항생제에 살아남도록 돌연변이를 일으킨다. 그리고 항바이러스제를 지속해서 맞으면 바이러스도 돌연변이를 일으켜 더는 작용하지 않는다. 암세포도 특정 항암제를 지속해서 투여하면 돌연변이를 일으켜 그 항암제의 기능을 무력화시킨다.

암뿐만 아니라 모든 치료제는 반복해서 투여하면 내성 문제가 생긴다. 그래서 내성 문제는 인류의 질병 정복을 어렵게 만드는 주요 요인 가운데 하나다.

# 또다른 혁신, 세포 치료제

아스피린은 저분자 의약품이다. 저분자는 말 그대로 약품의 크기가 작다는 뜻이다. 크기가 작다는 말은 화학 구조식이 상대적으로 단순하다는 의미이기도 하다. 화학 구조식이 단순하다는 것은 화학적으로 쉽게 합성할 수 있다는 말이고, 이는 대량 생산 측면에서 공정의 단순화와 비용의 절감을 의미한다. 저분자 의약품은 아스피린과 같은 해열·진통제뿐만 아니라 폐암 치료제 이레사, 타그리소 등의 항암제까지 다양한 의약품으로 개발됐다. 사실상 인류가 개발한 의약품의 절반은 저분자 의약품이라고 볼 수 있다.

저분자 의약품 이후 신약 개발을 주도한 것은 바이오 의약품이다. 바이오 의약품은 화학적으로 합성한 의약품과는 결이 다르다. 항체 등 바이오 제재의 의약품으로, 항체는 화학적으로 합성해 만들 수 없다. 항체는 세포를 이용해 만들며, 이것이 저분자 의약품과 가장 큰 차이다. 즉 바이오 의약품은 항체를 생산하는 세포 하나하나가 사실상 공장하나인 셈이다. 대량 생산을 위해 이런 세포들을 균일하게 모은 것을 배치<sup>batch</sup>라고 부른다. 똑같은 단백질을 생산해도 배치에 따라 조금씩 다른데, 세포에 항체의 청사진인 DNA 정보를 똑같이 주입해도 세포는 살아 있는 생물이므로 완벽하게 똑같은 단백질이 만들어지지는 않는다. 그러므로 바이오 의약품은 생산하는 공장마다 다른 의약품으로 취급한다. 다만 그 효능은 같아서 생물학적 동등성은 같다고 평가한다.

바이오 의약품 이후 등장한 새로운 혁신 치료제가 바로 세포 치료제와 유전자 치료제다. 앞서 유전자 치료제는 특별한 유전 질환을 치료한다고 설명했다. 한편 세포 치료제는 세포 자체를 치료제로 활용하는 의약품이다. 우리 몸에는 무수히 많은 세포가 있는데, 그중에서 면역세포는 세균이나 바이러스에 감염된 세포나 정상 세포에서 비정상 세포로 변한 암세포를 공격한다. 세포 치료제의 큰 축 가운데 하나인 면역세포 치료제는 면역세포를 이용한다. 면역세포 가운데 대표적인 저격수 역할을 하는 세포가 살상 T-세포로, 과학자들의 주된 관심사 가운데 하나는 T-세포의 살상 능력을 높여 암세포를 죽이는 것이다.

3세대 항암제로 불리는 면역 항암제는 면역세포의 암세포 공격을 차단하는 브레이크를 풀어 면역세포가 암세포를 공격하도록 만든다. 실제 암세포를 공격하는 것은 살상 T-세포인데, 살상 T-세포가 암세포를 공격하도록 유도하는 치료 물질은 항체인 PD-1 저해제다. 이런 측면에서 보면 면역 항암제는 항체 치료제와 면역세포 치료제의 중간쯤 된다고 할 수 있다.

그러므로 세포 치료제는 단백질이나 유전자 치료제보다 좀 더 거시적인 개념의 치료법이다. 치료제를 몸에 주입하면 이 세포가 주변 세포와 끊임없이 소통하며 더 폭넓은 치료 효과를 기대할 수 있기 때문이다.

# 암을 정복하라, CAR-T

2023년 상반기에 코스닥을 뜨겁게 달군 주식은 2차 전지 관련주였다. 이 기간에 2차 전지 대장주의 그래프와 코스닥 지수의 그래프는 일치했다. 1990년대 초중반에 삼성전자의 주식 그래프와 코스피 지수의 그래프가 거의 같았던 것을 떠올리게 할 정도였다.

2차 전지는 보통 리튬이온 전지를 가리키는데, 리튬이온 전지는 전기차의 배터리로 쓰인다. 석유로 굴러가는 내연기관 자동차에서 내뿜는 배기가스가 지구 온난화의 주범으로 지목되면서, 자동차업계는 2030년쯤부터는 내연기관 자동차를 더 이상 생산하지 않을 방침이다. 전기자동차가 내연기관 자동차를 대체할 탈것으로 주목받으면서, 이를 구동하기 위한 에너지원인 리튬이온 전지에 대한 주식시장의 관심이 폭발한 것이다.

그런데 자동차는 내연기관 자동차와 전기차만 있는 것은 아니다. 그 중간 단계에 해당하는 자동차도 있는데, 일명 하이브리드hybrid 자동차다. 하이브리드 자동차는 내연기관 엔진과 리튬이온 배터리를 모두 장

착한 자동차다. 그래서 내연기관으로 엔진을 가동하면서 저속으로 운행할 때는 엔진 대신 리튬이온 배터리로 자동차가 움직인다. 이질적인 성질의 내연기관 엔진과 리튬이온 배터리를 하나의 자동차에서 구동해서 하이브리드라고 부른다.

하이브리드와 다른 듯하면서도 비슷한 용어로 키메라chimera가 있다. 키메라는 그리스 신화에 등장하는데, 서로 다른 동물의 신체를 가진 괴물을 뜻한다. 즉 하이브리드와 키메라는 서로 다른 것을 하나의 몸에 지닌 것으로 이해할 수 있다. 흥미롭게도 바이오 분야에도 키메라라는 용어가 종종 쓰이는데, 그 대표적인 것이 CAR-T 세포 치료제다.

CAR은 Chimeric Antigen Receptor의 약자이고, T는 T-세포를 의

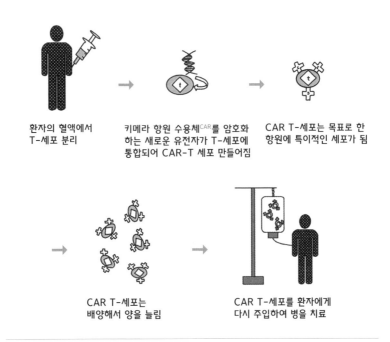

환자의 혈액에서
T-세포 분리

키메라 항원 수용체[CAR]를 암호화
하는 새로운 유전자가 T-세포에
통합되어 CAR-T 세포 만들어짐

CAR T-세포는 목표로 한
항원에 특이적인 세포가 됨

CAR T-세포는
배양해서 양을 늘림

CAR T-세포를 환자에게
다시 주입하여 병을 치료

CAR-T 세포 치료제

미한다. 즉 항원 수용체를 T-세포에 도입한 것이다. 다만 키메라라는 말이 붙은 것은 항원 수용체가 원래 T-세포에 포함된 것이 아니기 때문이다. 그렇다면 항원 수용체를 T-세포에 도입한 이유는 무엇일까? CAR-T에서 항원 수용체는 암세포 표면에 있는 특정 단백질, 즉 항원과 결합하는 단백질로, 이 단백질을 T-세포에 유전공학적으로 도입한 것이다.

CAR-T 세포는 암세포 표면의 특정 단백질과 효과적으로 결합한다. 한번 결합이 이뤄지면 암세포는 T-세포의 살상 능력에 의해 파괴된다. 과학자들이 T-세포, 즉 살상 T-세포에 CAR을 도입한 것은 암세포가 살상 T-세포의 공격을 회피하는 능력이 탁월하기 때문이다. 그래서 암세포의 회피 전략을 무력화하기 위해 CAR을 인공적으로 도입한 것이다. 다시 말해 면역 항암제인 PD-1 저해제가 면역세포의 브레이크 기능을 끄면, CAR-T는 CAR이라는 안내자를 통해 암세포를 효과적으로 찾아내 결합한다.

CAR-T 세포 치료제와 PD-1 저해제는 모두 살상 면역세포를 이용해 암세포를 공격한다는 점에서는 같지만, 작용하는 암종이 다르다. CAR-T 치료제는 혈액암을 치료 대상으로 한다. 미국 FDA가 승인한 CAR-T 치료제는 급성 림프구성 백혈병acute lymphoblastic leukemia, 거대 B세포 림프종large B-cell lymphoma, 다발성 골수종multiple myeloma 등을 치료한다.

반면 FDA가 승인한 PD-1 저해제는 흑색종, 비소세포 폐암, 두경부암, 호지킨 림프종Hodgkin lymphoma, 요로상피세포암종urothelial carcinoma, 간암, 신장암, 식도암, 위암, 피부 편평 세포암cutaneous squamous cell carcinoma, 방광암 등의 고형암을 대상으로 한다. 고형암은 몸의 장기에 발생하는 암을 가리키며 고형암을 제외한 암은 혈액암에 해당한다.

CAR-T와 PD-1 저해제의 적응 암종이 이렇게 확연하게 구별되는 데는 이유가 있다. CAR-T는 암세포 표면의 특정 항원을 찾아 결합한다. 그러기 위해선 표적 대상인 암세포 표면의 항원이 뚜렷해야 한다. CD-19은 혈액 암세포 표면에 발현하는 대표적인 단백질로, 미국 FDA는 CD-19을 표적으로 하는 CAR-T 치료제 두 개를 승인한 바 있다. 혈액암과 달리 고형암에선 CD-19과 같이 대표적으로 발현되는 단백질을 찾기 힘들다. 또 혈액 속을 떠도는 혈액암과 달리 몸의 장기에서 발생하는 고형암은 암 주변의 미세 환경이 일종의 장벽을 형성해 CAR-T가 접근하기가 어렵다.

여기에 더해 암 주변의 미세 환경은 면역 억제 작용을 통해 CAR-T의 활성을 떨어뜨린다. 또한 고형암 표면에 발현되는 단백질, 즉 CAR의 후보 항원은 정상 세포에서도 발현되므로 CAR-T가 고형암 세포만을 선택적으로 공격하기가 어렵다. 이런 이유 등으로 CAR-T 치료제는 혈액암에선 탁월한 효과를 거두지만, 아직 고형암에선 효과가 없다.

따라서 과학자들은 CAR-T를 고형암에 적용하기 위해 노력하고 있다. 예를 들어 CAR-T의 표적을 두 개 이상으로 만들어 정상 세포는 건드리지 않고 암세포만 공격하도록 선택성을 높이거나, 면역 억제 환경을 극복하도록 CAR-T를 변형하는 식이다. 면역 억제 환경을 극복하기 위해 PD-1 저해제나 다른 항암제를 함께 처방하는 병용 요법, CAR-T가 사이토카인과 같은 면역물질을 분비하도록 CAR-T의 유전자를 조작하는 방법 등 다양한 전략들이 연구되고 있다.

CAR-T 세포 치료제를 만들기 위해서는 우선 환자의 혈액을 채취해 혈액에서 T-세포를 분리해야 한다. 그런 다음 T-세포에 CAR 유전자를 도입하고, CAR 유전자를 지닌 CAR-T 세포를 증식시킨다. 이런 방식으로 숫자를 불린 CAR-T 세포를 다시 환자의 몸에 주입한다. 따라서 CAR-T 세포는 환자마다 다르며, 환자에 따라 제작되는 일종의 맞춤형 치료제다.

환자의 세포를 이용하면 면역 거부 반응이 없다는 장점이 있지만, 환자에 따라서는 병이 많이 진행돼 T-세포를 얻기 힘들 수도 있다. 또 이미 여러 번 항암 치료를 받아 건강한 T-세포가 파괴돼 T-세포가 부족할 수 있다. 따라서 CAR-T 세포 치료제의 다음 과제는 범용 CAR-T를 만드는 것이다. 바꿔 말하면 환자의 T-세포가 아니라, 건강한 다른 사람의 T-세포를 활용하는 것이다.

그런데 다른 사람의 T-세포를 활용하여 CAR-T를 만들어 환자에게 주입하면 면역 거부 반응이 일어난다. 우리 몸의 면역계는 원래 우리 몸에 있는 것이 아닌 것은 모두 외부의 적으로 인식하고 인체에 들어오면 공격한다. 그래서 이 문제를 극복하기 위한 다양한 연구가 진행되고 있다. 예를 들면 면역 억제제를 함께 투여하는 것인데, 면역 억제제 투여는 지금도 장기 이식에서 활용되는 방법이다. 다른 사람의 장기를 이식받는 경우 반드시 면역 억제제를 투여해야 한다. 그렇지 않으면 이식받은 장기가 면역계의 공격을 받아 파괴되기 때문이다. 또 다른 방법으로는 CAR-T가 면역 거부 반응을 덜 일으키도록 유전자를 조작할 수도 있다. 그러나 현재까지 다른 사람의 T-세포를 이용한 CAR-T 치료제가 상용화된 사례는 없다.

한편 우리 몸에 세균이나 바이러스가 침입하거나 정상 세포가 비정상 세포인 암세포로 변하면 이를 제거하기 위해 면역계가 작동한다. 살상 T-세포가 감염된 세포나 암세포를 공격하기 전에 자연 살해 세포 Natural Killer cell, NK-cell라는 것이 움직인다. 자연 살해 세포는 그 이름에서 알 수 있듯이 세균이나 바이러스에 감염된 세포부터 암세포까지 가리지 않고 닥치는 대로 제거한다. 이렇게 자연 살해 세포가 정탐하듯이 적군을 공격하고, 이후 주력 부대인 항체와 T-세포가 출동한다.

NK-세포와 T-세포는 모두 세포를 공격하지만, 공격 방식에는 차이가 있다. NK-세포는 항원이 제시되지 않아도 즉각적으로 적을 공격하지만, T-세포는 반드시 수지상세포와 같은 항원 제시 세포가 적이라는 표지인 항원을 제시해줘야 싸울 수 있다. NK-세포 치료제는 항원 제시가 필요하지 않다는 점에서 즉시 적과 싸울 수 있고 CAR-T에 비해 상대적으로 제조 공정이 간단하다는 장점이 있다. 많은 바이오 기업에서 NK-세포 치료제 상용화를 위한 임상시험을 진행하고 있지만, 아직 미국 FDA의 승인을 받은 NK-세포 치료제는 없다.

# 유도 만능 줄기세포, 시간을 거스르는 세포

빅뱅 이론에 의하면 우주는 오래전 거대한 폭발로 생겨났다. 처음 우주는 상상할 수 없을 만큼 작고 밝고 뜨겁고 밀도가 높았는데, 거대한 폭발을 일으킨 후로 계속 팽창하면서 어둡고 차갑고 밀도도 낮아지고 있다. 여기서 중요한 것은 끝도 없이 팽창하는 우주도 처음에는 아주 작은 점과 같은 상태에서 시작했다는 사실이다.

인간을 비롯해 모든 생명체의 구성 단위는 세포다. 생명체의 탄생은 정자 세포와 난자 세포의 수정에서 시작된다. 두 개의 세포가 만나 한 개의 세포인 수정란이 되고, 이 세포가 두 개가 되고 네 개가 되는 식으로 수를 불리면서 최종적으로 하나의 개체가 된다. 대략 성인의 세포 수는 2조 개가 넘는 것으로 알려졌다. 이들 세포에는 조상뻘 세포가 있다. 이를 줄기세포라고 한다.

세포는 줄기세포에서 특정 세포로 분화한다. 뇌에 있는 신경세포는 신경 줄기세포에서 출발해 신경세포로 분화한다. 혈관에 존재하는 적혈구와 백혈구 등 혈액세포는 혈액 줄기세포에서 분화한다. 흥미로운 점은 줄기세포는 특정 세포로 분화할 수 있지만, 한번 분화가 이루어진 세포는 더는 분화되지 않는다는 점이다. 각 세포의 줄기세포가 존재하지 않는다면, 그 기능을 수행하는 세포는 체내에서 만들어지지 않는다. 그렇기에 줄기세포는 비상한 관심을 끌고 있다.

나이가 들면 자연적으로 무릎 연골이 점점 닳아 없어진다. 무릎 연골을 재생할 수 있다면 관절염과 같은 불편함 없이 편안한 노후를 보낼 수 있다. 그렇다면 어떤 방식으로 무릎 연골을 재생할 수 있을까? 줄기세포를 이용한 치료제는 이런 상황에 적합하다. 우선 생각할 수 있는 전략은 연골 줄기세포를 환자의 체내에 주입하는 방식이다. 다음 전략으로는 연골 줄기세포로부터 체외에서 연골세포를 분화시킨 뒤 환자에게 주입하는 것이다. 건강한 연골세포가 환자의 몸에 들어가면 줄어든 연골세포를 보완하는 기능을 한다. 또 연골세포가 연골 조직을 자극해 좀 더 건강한 연골 환경을 유도할 수도 있다.

줄기세포의 경우도 비슷한 역할을 한다. 연골 줄기세포가 체내에서 연골세포를 만들면, 연골세포가 앞서 설명한 것과 유사한 작용을 한다. 여기에 더해 줄기세포는 연골세포를 만들기도 하지만 주변의 연골 조직에 연골세포를 만들라는 신호 물질을 분비하여 연골세포가 형성된다. 이 중 어떤 방법을 이용하든 줄기세포를 확보하고 있어야 가능하다. 첫 번째 방법은 체외에서 줄기세포로부터 연골세포를 분화해 주입하고, 두 번째 방법은 체내에 주입한 줄기세포로부터 연골세포를 분화하는 것이기 때문이다. 따라서 줄기세포 치료제는 줄기세포를 어떻게 확보하느냐가 매우 중요하다.

줄기세포를 만드는 방법은 크게 세 가지로 나뉜다. 첫째 방법은 배아 단계에서 줄기세포를 얻는 것으로, 이렇게 얻은 줄기세포는 배아 줄기세포라고 부른다. 배아는 수정란에서 시작해 한 개체가 되기 전까지 발생 초기 단계에 해당하며, 배아 줄기세포를 얻기 위해선 수정란이 필요하다는 점에서 생명 윤리 논란이 있다. 이런 측면에서 배아 줄기세포를 이용한 치료제 개발은 현재까지 상용화되지 않았다. 대신 성인의 몸에는 성체 줄기세포라는 것이 존재한다. 성체 줄기세포는 배아 단계의 줄기세포가 아니라는 점에서 생명 윤리 논란이 없으며 상대적으로 쉽게 채취할 수 있다. 다만 배아 줄기세포보다 분화 능력이 떨어진다는 단점이 있다. 현재 상용화된 줄기세포 치료제는 성체 줄기세포를 기반으로 한다.

한편 유도 만능 줄기세포는 배아 줄기세포와 성체 줄기세포의 장점만을 모은 것인데, 성인의 피부세포로부터 줄기세포를 유도해 만든 것이다. 앞서 설명했듯이 교토대학의 야마나카 신야 연구진은 네 개의 전사 인자를 이용해 성인의 체세포 가운데 하나인 피부세포를 줄기세포 단계의 세포로 역분화시키는 데 성공했다. 역분화를 통해 유도 만능 줄기세포를 만들면, 수정란이 아니라 성인의 체세포로 만들기에 배아 줄기세포와 같은 윤리적 논란이 없고, 배아 줄기세포와 같은 단계로 역분화시켰다는 점에서 성체 줄기세포보다 분화 능력이 뛰어나다. 유도 만능 줄기세포는 줄기세포 치료제의 새로운 도구를 제시했다는 점에서 비상한 관심을 끌었다. 그 후로 전 세계적으로 연구가 진행되고 있지만, 안타깝게도 현재까지 상용화된 치료제는 없다.

하지만 유도 만능 줄기세포에도 단점은 있다. 대표적인 단점은 유도 만능 줄기세포가 암세포를 만들 위험이 있다는 것이다. 유도 만능 줄기세포는 인체의 모든 세포로 분화할 수 있지만, 탁월한 분화 능력이 오히려 독이 돼 암세포를 만들 수도 있기 때문이다.

이 문제를 해결할 방법으로 과학자들은 여러 전략을 제시하고 있다. 유도 만능 줄기세포를 체내에 주입하는 것이 아니라 유도 만능 줄기세포로부터 원하는 세포를 체외에서 분화시킨 다음 분화된 특정 세포만 체내에 주입하는 전략이다. 유도 만능 줄기세포 자체는 체내에 주입하지 않기에 암세포가 만들어질 가능성을 원천적으로 없애는 것이 이 방법의 핵심이다. 국내 바이오 기업 Y에서 이런 방식의 골관절염 치료제를 개발하고 있다.

유도 만능 줄기세포는 치료제 개발의 도구로도 중요하지만, 생물학적으로도 중요한 의미를 가진다. 역분화라는 새로운 개념을 탄생시켰기 때문이다. 역분화는 필연적으로 유도 만능 줄기세포 단계를 거친다. 일부 과학자들은 유도 만능 줄기세포 단계를 거치지 않고 성인의 체세포를 원하는 세포로 분화시키는 방법을 고민하기 시작했다. 그리고 현재 직접 교차 분화 기술로 현실화했다. 예를 들면 피부세포로부터 신경세포를 직접 분화하는 것이다. 또한 앞에서 설명했듯, 분화가 이미 끝난 세포를 줄기세포 단계로 역분화할 수 있다면 노화가 진행된 세포도 노화 이전 상태의 세포로 되돌릴 수 있다고 가정한 하버드대학의 싱클레어 연구진의 연구도 있다.

유도 만능 줄기세포 기술이나 직접 분화 기술, 역노화 기술 등은 모두 세포를 대상으로 하지만, 그 과정의 핵심은 야마나카 인자에 있다. 역분화 인자는 단백질이며, 이 단백질을 조절하는 데는 유전자가 쓰인다. 이런 점에서 세포를 다루는 것은 필연적으로 유전자를 조절하는 기술과 궤를 같이한다.

줄기세포는 손상된 세포를 대신할 정상 세포를 만들어낸다는 점에서 매력적인 치료 도구다. 줄기세포 자체를 치료 물질로 이용하기 위해선 기본적으로 환자의 몸에서 줄기세포를 채취해 치료에 쓸 수 있을 정도로 양을 늘려야 한다. 그런데 몸속 줄기세포를 몸 밖으로 꺼내면 원래 있던 체내 환경과의 차이로 인해 줄기세포의 분화 능력이 현저히 떨어진다고 한다. 세포는 주변 세포를 포함해 자신을 둘러싼 미세 환경과 끊임없이 소통하면서 제 기능을 수행하기 때문이다. 이런 측면에서 체내와 비슷한 환경을 조성하는 것이 세포 치료제 개발에 있어서 새로운 이슈로 부각되고 있다.

# 더 정확한 단일 세포 유전자 분석

세포는 우리 몸을 구성하는 기본 단위다. 사물을 볼 수 있는 망막세포, 심장을 일정하게 뛰게 하는 심장 근육세포, 알코올 등을 해독하는 간세포, 산소를 흡입하고 이산화탄소를 배출하는 폐세포, 헤모글로빈을 운반하는 적혈구 등 세포의 종류는 일일이 열거할 수 없을 정도로 다양하다. 또 세포는 조직에 따라 그 기능이 다르고 생김새도 조금씩 차이가 난다. 사람으로 비유하자면, 특정 직업군에 따라 얼굴이 다르고 하는 일도 다른 셈이다. 그러나 한 사람이 지닌 세포는 같은 유전자를 가진다. 유전자가 같다는 것은 유전사의 넘기 서열이 같다는 얘기다. 예를 들어 한 사람의 망막세포를 분리해 유전자를 해독하든, 심장 근육세포의 유전자를 해독하든 결과는 같다. 모두 한 사람에게서 채취한 세포이기 때문이다.

그렇다면 이 지점에서 중요한 의문이 생긴다. 세포마다 유전자는 같은데, 왜 세포의 모양과 역할은 저마다 다를까? 이를 설명하는 것이 유전자의 발현 양상이다. 세포는 자신의 기능과 생존에 필요한 유전자를 선택적으로 발현한다. 즉 자신에게 필요한 단백질을 만들기 위해서 같은 유전자 염기 서열에서 필요한 부분만 발췌해 이용한다. 그러므로 세포에 따라 주로 쓰는 유전자가 따로 있다.

돌연변이는 유전자의 염기 서열이 한 개라도 바뀌는 것을 말한다. 놀랍게도 유전자의 염기 서열이 한 개만 변해도 암을 일으킬 수 있다. 그런데 세포마다 주로 사용하는 유전자가 따로 있으니, 주로 돌연변이가 일어나는 유전자도 세포에 따라 다르다. 따라서 어떤 암의 원인 유전자를 분석하기 위해서는 그 암세포만 따로 떼어내서 분석하는 것이 바람직하다. 기존에는 여러 종류의 세포에서 유전자를 추출해 분석했는데, 이렇다 보니 표적으로 하지 않는 세포의 유전자도 섞여서 알고 싶은 유전자의 정보 외의 불필요한 정보가 섞여들 위험성이 컸다.

이런 문제점을 극복하기 위해 개발된 것이 단일 세포 유전자 분석이다. 단일 세포 유전자 분석은 말 그대로 세포 한 개의 유전자를 분석하는 최신 기법이다. 이 방법을 이용하면 앞서 설명한 것처럼 불필요한 유전자 정보가 섞일 위험이 없다. 따라서 좀 더 정확하게 분석하고자 하는 세포의 유전자 특성을 알아낼 수 있다. 단일 세포 유전자 분석은 최근 바이오 분야 연구에서 다양하게 활용되고 있다. 국내 연구진은 단일 세포 유전자 분석을 통해 파킨슨병을 일으키는 유전자를 새롭게 발견하기도 했다. •

-------------------------------------------------

• Andrew J. Lee, Characterization of altered molecular mechanisms in Parkinson's disease through cell type-resolved multi-omics analyses, 《Science Advances》, 2023. 4. 14.

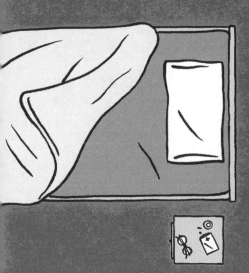

# 바이오테크놀로지의 현재와 미래

# 바이오 금맥, 바이오 마커

앞에서 살펴보았듯, 유방암 치료제 허셉틴은 유방암 세포의 성장에 작용하는 허2 단백질을 표적으로 삼아 작용하고, 자가 면역 질환 치료제 휴미라는 염증 반응에 관여하는 단백질 TNF-알파를 표적으로 한다. 허셉틴과 휴미라의 사례에서 알 수 있듯이 신약을 개발할 때 약의 표적 물질은 약마다 다르다.

신약이라고 하면 이전에는 없던 새로운 약이라는 뜻이다. 새로운 약을 만드는 대표적인 방법이 기존에는 없는 새로운 표적을 공략하는 것이다. 그러므로 신약 개발의 첫 단계는 질병 치료의 대상, 즉 표적을 새롭게 발굴하는 것이다. 이렇게 질병 치료의 표적이 되는 생체 물질, 단백질을 바이오 마커<sup>bio marker</sup>라고 한다.

바이오 마커는 그 질환을 잘 설명해주는 물질로, 좋은 바이오 마커는 그 질환에서만 특이적으로 많이 발현된다. 따라서 가장 좋은 바이오 마커는 그 질환에서만 나타나는 것이다. 어떤 바이오 마커가 그 질환에서만 특이적으로 많이 나타난다면 할 수 있는 일이 많다. 우선 바이오 마커를 검출하는 진단 키트를 개발하면 그 병에 걸렸는지 확인할 수 있다. 바이오 마커가 그 질병에만 많이 나타나면 다른 질환으로 오판할 가능성이 거의 없다. 이런 측면에서 좋은 진단 키트의 핵심은 좋은 바이오 마커의 유무다.

바이오 마커는 질병의 발병과 진행에 핵심적인 역할을 하므로 치료제의 표적으로 삼기에 좋다. 바이오 마커의 기능을 무력화하는 물질을 개발하면 발병과 병의 악화를 막을 수 있다. 항체는 표적 물질과 특이적으로 결합한다는 점에서 바이오 마커를 무력화하기에 아주 좋은 물질이다. 따라서 진단 장비를 개발하든 치료제를 개발하든 간에, 가장 기본은 남들이 발견하지 못한 새로운 바이오 마커를 확보하는 것이다.

폐암은 암세포의 크기와 형태를 기준으로 비소세포 폐암<sup>non small cell lung cancer</sup>과 소세포 폐암<sup>small cell lung cancer</sup>으로 나뉘는데, 폐암의 80~85퍼센트는 비소세포 폐암이다. 비소세포 폐암의 원인 가운데 하나는 상피 성장 인자 수용체<sup>Epidermal Growth Factor Receptor, EGFR</sup>의 돌연변이다. EGFR은 세포 밖에서 성장 신호를 전달받아 내부로 전달하는 단백질로, EGFR 신호에 문제가 생기면 세포 신호 전달 과정에 이상이 생겨 세포가 비정상적으로 성장하여 비소세포 폐암을 유발한다. 폐암 가운데 EGFR 돌연변이를 가진 폐암은 타이로신 키나아제<sup>Tyrosine Kinase, TK</sup>라는 효소와 밀접한 관련이 있는데, EGFR이 TK의 일종이기 때문이다. 세포 표면에 있는 EGFR이 세포 밖에서 성장 신호를 받으면, 세포 안쪽에 있는 TK에서 인산화<sup>phosphorylation</sup>가 일어나면서 성장 신호가 세포 내부로 전달된다. 타이로신 키나아제는 인산기를 붙이는 역할을 한다. 이런 점에서 타이로신 키나아제를 EGFR-TK라고도 표기한다.

과학자들은 이 점에 착안해 EGFR 돌연변이 폐암 치료제의 표적 바이오 마커로 EGFR-TK를 활용한다. 그렇게 해서 타이로신 키나아제의 역할을 억제하는 방식의 치료제Tyrosine Kinase Inhibitor, TKI인 1세대 TKI 항암제가 개발됐다. 이후 2세대 TKI 항암제가 개발됐는데, 이 약은 EGFR-TK뿐만 아니라 허2까지 공략한다. 하지만 2세대 TKI도 환자의 40~60퍼센트의 환자에게서 T790M이라는 돌연변이가 발생해 내성이 생겼다. 이 내성을 극복하기 위해 3세대 TKI가 개발됐는데, 역시 내성이 생겼다. c-METc-Messenchymal Epithelial Transition 유전자의 돌연변이는 3세대 TKI 내성의 중요한 원인으로 꼽힌다. 그래서 전 세계적으로 c-MET를 표적으로 한 4세대 TKI 개발이 활발히 진행되고 있다. 이렇듯 기전은 조금씩 다르지만 똘똘한 바이오 마커는 신약 개발에서 매우 중요한 요소다.

만약 바이오 기업이 자신만의 새로운 바이오 마커가 없다면 현실적으로 신약을 만들기는 매우 어렵다. 그러므로 신약을 개발할 때는 고유한 바이오 마커를 발굴하는 것이 무엇보다 중요하다는 것이 제약·바이오업계의 중론이다. 치료제의 표적 물질을 찾는 것이 사실상 신약 개발의 99퍼센트를 차지하는 셈이다.

혹자는 인체 임상시험에 돈이 많이 들어가므로 임상시험이 신약 개발의 핵심이라고 여긴다. 당연히 인체 임상시험 또한 매우 중요하다. 약의 효능과 부작용을 실제로 검증하는 단계이기 때문이다. 그러나 좋은 바이오 마커를 발굴해 이를 표적으로 하는 치료 물질을 개발하면 인체 임상시험의 절반은 성공한 셈이다. 더구나 임상시험은 바이오 마커와 치료 물질을 개발한 기업이 직접 하지 않아도 된다. 임상시험을 전문적으로 대행해주는 기업은 많다.

문제는 제대로 된 바이오 마커를 찾는 데 15~20년은 걸린다는 점이다. 더구나 누군가가 내가 찾던 것을 먼저 찾아내면 그동안 들인 노력이 말짱 도루묵이다. 그래서 우리나라의 연구 현실에서는 듣도 보도 못한 새로운 물질을 발굴하는 것은 현실적으로 불가능에 가깝다. 연구 과제를 기획하고 선정하는 사람들이 성공할지 알 수 없는 생전 처음 듣는 물질에 돈을 지원하는 모험을 꺼리기 때문이다. 대개는 이미 미국에서 발굴해 효능이 검증된 물질을 선호한다. 즉 퍼스트 무버first mover가 아니라 패스트 팔로워fast follower가 되길 바라는 것이다.

연구 과제를 기획하는 공무원, 과제를 평가하는 대학교수, 과제에 공모하는 연구 기관이나 기업 모두 이런 사실을 잘 알고 있다. 일단 연구 과제는 성과가 나와야 공무원, 교수, 연구 기관이 모두 행복해진다. 그래서 이미 남들이 연구해놓은 것을 따라 하는 연구가 위험 부담이 낮고 상대적으로 쉽다. 이렇듯 성공하기 쉬운 연구를 권장하는 암묵적인 카르텔이 이미 고착화했다는 것이 내 판단이다. 따라서 침묵의 카르텔이 깨지지 않는다면 우리의 현실에서 신약 개발은 낙타가 바늘구멍에 들어가는 것보다 힘들다.

다만 소수의 기업에서는 독자적인 바이오 마커를 발굴해 신약 개발에 매진하고 있으므로 카르텔 타파의 희망이 아예 없는 것만은 아니다.

# AI가 후보 물질을 발굴한다면

신약을 개발한다고 할 때 첫 단계는 후보 물질 발굴이다. 이는 곧 어떤 질병에 대한 치료제를 개발할 것인지, 어떤 바이오 마커를 표적으로 할지로 귀결된다. A라는 바이오 마커가 B라는 질병 발병의 핵심 물질이라는 점이 규명되면, 그다음으로는 A라는 마커를 어떤 물질로 어떻게 공략할지 고민해야 한다. 실제 FDA의 승인을 받을 수 있는지 여부는 임상시험 3상까지 진행해봐야 알 수 있기에 섣불리 신약이라거나 치료제라고 부르지 않는다.

A라는 물질이 B라는 병을 일으키는 핵심 물질이라면 신약 후보 물질은 A 물질을 억제하는 방식으로 작용한다. 전통적인 신약 개발에서는 A 물질을 억제하는 후보 물질을 발굴하기 위해 실험실에서 수천 개의 합성 물질을 만들어 일일이 A 물질과 반응시켜 효능을 확인했다. 수천 개의 물질을 일일이 실험해서 확인하다 보니 기간도 오래 걸리고 많은 인력이 필요했다. 후보 물질 발굴 기간을 대폭 줄일 수 있다면 비용뿐만 아니라 신약 개발 기간도 줄일 수 있다.

　　　　　　　　　　　　　5장 바이오 테크놀로지의 현재와 미래

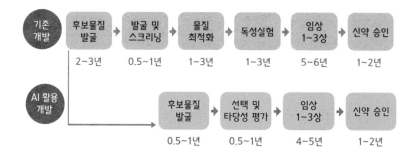

| 기존<br>개발 | 후보물질<br>발굴 | → | 발굴 및<br>스크리닝 | → | 물질<br>최적화 | → | 독성실험 | → | 임상<br>1~3상 | → | 신약 승인 |
| --- | --- | --- | --- | --- | --- | --- | --- | --- | --- | --- | --- |
| | 2~3년 | | 0.5~1년 | | 1~3년 | | 1~3년 | | 5~6년 | | 1~2년 |

| AI 활용<br>개발 | 후보물질<br>발굴 | → | 선택 및<br>타당성 평가 | → | 임상<br>1~3상 | → | 신약 승인 |
| --- | --- | --- | --- | --- | --- | --- | --- |
| | 0.5~1년 | | 0.5~1년 | | 4~5년 | | 1~2년 |

전통적인 신약개발과 AI 신약개발 기간 　　　　　　ⓒ보건산업진흥원

　이 지점에서 등장하는 것이 인공지능이다. 인공지능의 장점 가운데 하나는 방대한 데이터를 바탕으로 새로운 정보를 추출할 수 있다는 점이다. 그동안 과학자들은 수많은 합성 화학물질을 만들었고, 이 물질들을 대상으로 어떤 질병에 효과가 있는지 수많은 실험을 진행했다. 결과적으로 신약으로 성공한 물질도 있고, 임상 단계에서 실패한 물질도 있다. 이런 신약 개발과 관련한 후보 물질의 빅데이터를 인공지능에 학습시키면, 인공지능은 A라는 후보 물질이 이전에는 신약으로 개발하려고 생각지도 못했던 B라는 질병과 연관성이 있다는 정보를 새롭게 추출해 낼 수 있다. 인공지능이 학습한 데이터의 양이 많을수록, 또 데이터의 질이 좋을수록 인공지능은 더 좋은 결과를 도출해낸다.

　그렇다면 인공지능이 발굴한 신약 후보 물질은 정말 치료 효과가 있을까? 이는 인공지능이 답할 수 없다. 실제 효능이 있는지는 전통적인 방법으로 확인할 수밖에 없다. 그러면 인공지능이 발굴한 후보 물질을 동물을 대상으로 실험하여 독성과 효능을 알아본다. 이 단계에서 부작용과 효능이 검증되면 인체 임상시험 단계로 넘어간다. 전통적인 신약 개발처럼 임상 1상과 2상, 3상을 거치며 효능과 부작용을 검증한다.

그러므로 인공지능 신약 개발은 신약 개발을 처음부터 끝까지 인공지능이 하는 것이 아니라, 후보 물질 발굴 단계만 인공지능이 관여하고 그 이후 단계부터는 인간이 진행한다. 간혹 인공지능이 전지전능한 신처럼 신약 개발의 모든 단계를 진행한다고 오해할 수도 있지만, 사람의 생명과 직결되는 신약 개발은 사람을 대상으로 하는 임상시험 단계를 반드시 거쳐야 한다.

# 동물복지가 불러온 변화

요즘은 애완동물이 아니라 반려동물이라고 한다. 특히 1인 가구가 늘면서 반려동물 시장은 폭발적으로 성장하는 추세다. 이렇게 반려동물이 주목받으면서 동물을 존중하는 동물복지도 덩달아 관심을 끌기 시작했다. 그런데 동물복지와는 별 연관성이 없을 것 같은 바이오 분야에 불똥이 튀었다. 신약 개발 과정에서 동물을 대상으로 한 실험이 문제가 된 것이다.

신약 개발 과정에서 동물실험을 전임상시험이라고 한다. 개발 중인 치료 물질을 사람에게 직접 투여하기에 앞서 동물실험을 거치는데, 가장 큰 이유는 독성 여부를 알아보기 위해서다. 아무리 효능이 좋은 약도 독성이 커서 심각한 부작용이 발생한다면 말짱 도루묵이다. 따라서 개발 중인 약을 사람에게 투여하기에 앞서 미리 동물을 대상으로 약을 투여해 독성을 알아본다. 이 단계에서 심각한 독성이 발견되면 그 물질의 신약 개발은 중단된다. 반면 투여한 동물에서 별다른 독성이 나타나지 않으면 다음 단계인 인체 임상시험으로 진입할 수 있다.

그러므로 동물실험 단계에서는 개발 중인 약의 효능보다도 독성을 평가한다. 독성 평가는 국제적으로 통용되는 독성 평가 인증 기관에서 실행되는데, 이 과정이 동물실험 단계의 핵심이다. 그 결과를 바탕으로 신약 개발사는 FDA에 인체 임상시험을 신청하고, FDA에서는 개발사가 제출한 관련 서류를 꼼꼼히 검토하고 문제가 없다고 판단하면 인체 임상시험을 허가한다. 동물실험 단계에서 독성 평가는 두 종류의 동물을 대상으로 진행한다. 하나는 쥐와 같은 설치류이고, 또 하나는 원숭이와 같은 영장류다.

이 과정에서 개발 중인 약의 독성으로 인해 동물이 죽기도 한다. 설사 독성으로 죽지 않더라도 동물실험에 쓰인 동물은 특정 질환을 인위적으로 유도했기 때문에 이미 병에 걸린 상태다. 동물복지 옹호자들이 신약 개발에서 동물실험 폐지를 주장하는 이유는 이 때문이다. FDA는 동물복지 옹호자들의 주장을 받아들여 2023년 신약 개발에서 기존의 동물실험 의무를 선택 사항으로 변경했다. 그렇다면 전임상시험 단계에서 동물실험을 대체할 시험법이 있어야 한다.

그 방법으로 전자회로 칩 위에 인간 세포를 배양한 장기 칩이나 인간 세포를 활용해 특정 장기의 기능을 모사한 오가노이드 등이 대체 시험법으로 꼽히고 있다. 장기 칩이나 오가노이드는 특정 장기의 기능을 흉내 낸 것으로, 인간의 세포를 활용한다. 인간의 세포로 장기 기능을 모사했다는 점에서 동물에서 나온 결과보다 실체 인체 임상시험에서와 같은 효과가 나올 확률이 높다.

그런데 독성은 효능과는 다르게 작용한다고 전문가들은 지적한다. 약이 표적으로 하는 인체 장기는 약마다 다를 수 있지만, 어쨌든 독성의 해독은 간에서 우선 진행된다. 따라서 독성 평가는 약이 표적으로 하는 장기뿐만 아니라 간까지 살펴봐야 한다. 현재 기술 수준에서는 실제 생명체와 같은 해독 작용을 오가노이드나 장기 칩으로 실험하기는 어렵다. 그러므로 FDA에서는 동물실험을 선택 사항으로 변경했지만, 신약 개발사들이 동물실험을 당장 그만두기는 현실적으로 어려운 것으로 보인다.

# 꿀 알바의 정체

꿀 알바라는 말이 있다. 특별히 하는 일은 없는데, 생각보다 돈을 많이 주는 아르바이트를 가리킨다. 그중에서 하루에 한 번 정도 주사만 맞으면 되고 특별히 할 일이 없는 꿀 알바가 있다. 다만 본인의 건강 상태를 매일 점검하며 한 달 정도 병원에서 보내야 한다. 바로 임상시험 참여자다.

앞에서 동물실험에서 신약 후보 물질의 유효성을 검증하고 부작용이 없다는 점을 입증하면 인체 임상시험에 진입할 수 있다고 설명했다. 임상 1싱 시험은 10~20명 내외의 사람을 대상으로 안전성을 검증하는 단계다. 앞서 설명한 동물실험에서 독성을 검증했지만, 실제 사람에게 치명적인 부작용이 없는지 다시 한번 확인한다. 임상 1상은 부작용, 즉 독성 여부를 알아보는 단계로 건강한 사람을 대상으로 진행한다.

임상 1상에서 특별한 부작용이 보고되지 않는다면 임상 2상 시험으로 넘어간다. 임상 2상은 500명 내외를 대상으로 약의 효능을 알아보는 단계다. 실질적으로 개발 중인 약이 인간에게 효과가 있는지 알아보는

5장 바이오 테크놀로지의 현재와 미래

단계다. 임상 2상부터는 실제로 병에 걸린 환자를 대상으로 개발 중인 약을 투여한다. 개발 중인 약을 투여받은 환자군을 실험군, 위약을 투여받은 환자군을 대조군이라고 한다. 위약을 투여받은 그룹과 비교해 실제 개발 중인 약을 투여받은 환자들에게서 어느 정도 질병 개선 효과가 있는지 확인하기 위해 대조군을 두는 것이다.

이때 환자는 자신이 약을 투여받는지, 위약을 투여받는지 전혀 모른다. 만약 환자가 개발 중인 약을 투여받는다는 사실을 알면, 약을 투여받는다는 사실이 심리적인 효과를 일으켜 그 효과가 왜곡될 수 있다. 이런 우려 때문에 실험군이나 대조군 모두 어떤 약을 투여받는지 모른 채 임상 2상을 진행하는데, 이를 2중맹검double blind 실험이라고 한다.

그런데 어이없게도 2중맹검 실험을 제대로 하지 못해 임상 2상이 실패한 사례도 있다. 어떤 환자에게 개발 중인 약을 투여했는지, 위약을 투여했는지 헷갈린 것이다. 당연히 데이터를 도출할 수 없고, 결과는 실패였다. 말도 안 되는 실수이지만, 실제로 국내 모 바이오 기업이 이런 실수를 저지른 적이 있었다. 이 회사는 임상 2상 실패로 폐업 직전까지 갔고, 가까스로 임상 2상을 재개해 간신히 기사회생했다.

어쨌든 임상 2상에서 긍정적인 결과가 나오면 마지막 단계인 임상 3상으로 진입한다. 임상 3상은 2상과 달리 3,000~5,000여 명을 대상으로 진행한다. 임상 3상은 처음이자 마지막으로 대규모로 하는 임상시험이기에 비용도 많이 들고 기간도 오래 걸린다. 또 인원수가 많아서 2상에서 발견되지 않은 부작용이 나타날 수도 있다. 임상 3상은 승인 전 마지막 임상으로, 얼마만큼의 용량을 환자에게 투여할지 구체적인 용법과 용량을 결정한다.

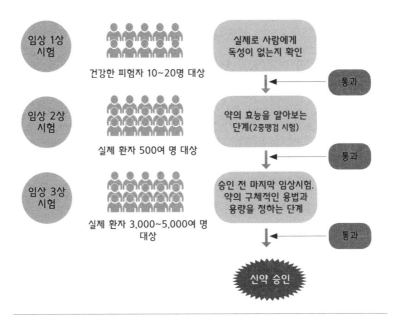

임상시험과 신약 승인 과정

특히 글로벌 신약으로 승인받으려면 미국 FDA의 승인을 받아야 한다. 그러려면 미국에서 임상시험을 진행해야 한다. 미국에서 임상을 진행하려면 천문학적인 비용이 필요하다. 미국은 우리나라와 달리 국민건강보험이 없어서, 임상 환자가 X선 촬영을 해도 그 비용을 고스란히 개발사가 부담해야 한다. 미국에서는 X선을 한 번 찍는데도 대략 1,000만 원 정도가 들기 때문에, 미국에서 임상 3상을 진행하려면 수천억 원이 든다. 임상 3상에서 승인을 받아 약이 시판되면 이 비용을 회수할 수도 있지만, 임상 3상에서 실패하면 매몰되는 비용이다. 국내 바이오 기업 가운데 수천억 원의 매몰 비용을 각오하고 임상 3상을 미국에서 진행할 수 있는 기업은 사실상 없다.

그렇다면 임상 3상을 포기해야 할까? 당연히 힘들게 발굴한 신약 후보 물질을 임상 단계에서 버릴 수는 없다. 이럴 때 유용한 것이 기술 수출이다. 이는 핵심 기술을 해외 바이오 기업이나 제약기업에 이전하는 것을 말한다. 내가 가진 기술이 좋은 기술이라면, 해외 바이오 기업이나 제약사에서 눈여겨봤다가 사들인다. 미국에서는 이런 일이 비일비재하게 일어난다.

미국 이공계 대학에서 공부 잘하는 학생들의 꿈은 우리나라처럼 교수가 되는 것이 아니라, 자신이 배운 핵심 기술을 바탕으로 창업하는 것이다. 초기에는 고생해도 기술력만 탄탄하다면 대기업이 인수합병을 추진하거나 핵심 기술만 사들인다. 미국을 대표하는 바이오 기업은 처음에는 작은 벤처로 시작해서 이런 방식으로 몸집을 키웠다. 이는 대형 제약사, 바이오 기업에도 이득이다. 후보 물질 발굴 기간을 생략하고 가능성 있는 물질을 사서 바로 임상시험에 진입할 수 있기 때문이다.

대체로 기술 이전은 동물실험을 마치거나 임상 1상을 마친 단계에서 진행된다. 기술 이전이나 인수합병이 활발한 미국과 달리, 한국은 이런 사례가 극히 적다. 그렇다 보니 한국 바이오산업은 기형적으로 성장해왔다.

기술 이전에서 중요한 것이 계약금upfront이다. 계약금은 기술 이전 계약에 따라 사는 쪽이 파는 측에 일정 금액을 지급하는 것이다. 총계약금은 마일스톤과 로열티로 구성된다. A 기업이 동물실험을 마친 단계에서 기술을 이전했다고 가정해보자. B 기업은 임상 1상에 성공하면 성공 보수를 A 기업에 지불한다. 그리고 임상 2상과 3상에 성공하면 이에 따른 성공 보수를 다시금 지급한다. 이후 규제 기관의 허가를 받으면 허가에 따른 성공 보수를 지급한다. 여기까지가 마일스톤이다. 허가받은 약물의 판매액의 일정 퍼센트는 로열티로 지급받는다. 로열티는 판매액을 미리 산출할 수 없기에 별도로 표기한다. 결과적으로 각 단계별 마일스톤의 총합이 총계약금이다. 물론 아직 실현되지 않은 미래 가치를 포함한다.

로열티를 제외한 총계약금이 산출되면 계약 당사자끼리 협의해서 계약금 퍼센티지를 정한다. 좋은 기술이라면 당연히 퍼센티지를 올려받을 것이고, 업계 평균 수준이라면 업계 평균 정도의 퍼센티지를 적용한다. 통상 총계약금의 5~7퍼센트라고 한다. 그러므로 총계약금보다는 계약금 퍼센티지가 얼마나 되는지가 중요하다.

그리고 계약금은 반환 의무가 없다. 임상시험에서 실패해도 계약금은 돌려받을 수 없다는 말이다. 반면 마일스톤은 임상시험 결과에 따라 반환을 요구할 수 있다. 임상시험은 기간이 길고 비용도 비싸지만, 성공 확률은 극히 낮다. 따라서 기술을 파는 회사로서는 최소한 계약금은 벌 수 있기 때문에 기술 이전을 감행한다. 사들이는 회사의 경우 실패하면 계약금은 매몰되지만, 성공할 경우 천문학적인 금액을 벌 수 있다. 그렇기에 과감하게 베팅하는 것이다.

# B 교수의 통탄

'고진감래'라는 사자성어가 있다. 고생 끝에 낙이 온다는 의미다. 신약 개발은 후보 물질 발굴에서부터 임상시험 3상까지 매 단계가 고난의 연속이다. 내가 아는 한 바이오 기업 CEO는 신약 개발을 시작하고 나서는 잠을 못 잤다고 하소연했다. 동물실험을 하면 동물실험 결과가 어떻게 나올지 걱정되고, 임상시험 1상에 진입하면 또 어떤 결과가 나올지 가위에 눌릴 정도였다고 한다.

신약 개발의 최종 단계는 보건당국의 허가 승인이다. 보건당국의 허가 여부에 따라 회사의 흥망이 갈린다고 해도 과언이 아닌데, 상황이 이렇다 보니 웃지 못할 사례도 종종 발생한다. A 바이오 기업은 무릎 관절을 치료하는 세포 치료제를 개발하는 회사로, 임상 3상을 마치고 식품의약품안전처에 승인 허가를 신청했다. 식약처는 허가 여부를 판단하기에 앞서 전문가로 구성된 자문위원회 성격의 중앙약사심의위원회(중앙약심)에 자문을 청한다. 신약 허가는 매우 전문적인 영역이기 때문에 이 분야를 잘 아는 전문가들에게 해당 물질이 어느 정도 효능이 있는지, 부작용은 없는지 살펴보게 하는 것이다. 미국 FDA도 신약을 허가하기에 앞서서 전문가 집단인 FDA 자문위원회에 해당 물질에 대한 자문을 구한다.

중앙약심 1차 회의에서 위원들은 해당 물질의 유효성을 입증하기 위해 A 기업에 추가 자료를 제출할 것을 요청했다. A 기업이 제출한 자료만으로는 세포로 인한 치료 효과가 뚜렷하지 않다는 게 이유였다. 보통은 요구한 자료를 제출하기 마련인데, A 기업은 중앙약심 위원들이 고의로 신약 허가를 방해했다고 주장했다. 중앙약심 위원장인 B 교수가 세포 치료제를 개발하는 회사의 대표로 있기 때문에, 세포 치료제 허가를 고의로 방해했다는 것이다. 이런 이유로 A 기업은 식약처에 B 교수가 중앙약심 위원장직을 수행하는 것이 적합하지 않다며 공식적으로 이의를 제기했다.

식약처는 A사의 이의 제기를 받아들여 관련 법에 따라 해당 건을 검토했지만, 아무런 문제가 없다며 A 기업의 이의 제기를 기각했다. 이후 중앙약심 2차 회의가 개최됐고, A 기업의 물질은 유효성이 충분하지 않다며 허가를 반려했다. A 기업이 개발한 세포 치료 물질이 통증 완화 정도의 효과만 있을 뿐, 세포를 통한 연골 재생 효과가 미비하다고 판단했던 것이다. 식약처는 최종적으로 A 기업의 세포 치료제를 허가하지 않았다.

이 과정에서 A 기업 소액주주들은 식약처 담당 직원과 B 교수를 검찰에 고발하고, 식약처의 허가 불허를 규탄하는 시위를 벌이기까지 했다. 소액주주들이 시위에 나선 것은 식약처의 허가 반려로 A 기업의 주가가 폭락했기 때문이다. 소액주주들 사이에서는 특정인 몇몇이 조직적으로 시위를 조장했다는 소문이 파다했다. 이 특정인들은 누구이며, 어떤 이유로 시위를 조장한 것일까? 과연 식약처의 허가 불허는 잘못된 판단이었을까?

중앙약심 위원들은 A사의 물질을 신약으로 허가해주기엔 유효성이 충분하지 않다고 판단했다. A 기업이 허가를 받고 싶다면 유효성을 입증할 수 있는 과학적인 자료를 제출하면 된다. 그런데 A 기업은 자료를 제출하기보다는 중앙약심 위원장의 자격 여부를 걸고넘어졌다. 식약처는 A 기업의 이의 제기를 받아들여 조사했고, 그 결과 위원장의 제척 사유가 없다고 판단했다. 그런데도 식약처와 중앙약심 위원장이 짜고 신약 후보 물질을 고의로 탈락시켰다고 주장하는 것은 무리가 있다.

이런 상황을 종합적으로 살펴봤을 때 이 사건은 신약 허가를 받기 위한 A 기업의 몽니로 보인다. 기업의 존폐가 달렸으니 무슨 수를 쓰든 허가를 받고 싶을 것이다. 그러나 신약 허가는 누구도 부인할 수 없는 탄탄한 과학적 근거를 바탕으로 해야 한다. 안타깝게도 A 기업은 충분한 자료를 제시하지 못했다는 것이 관련 업계의 전반적인 의견이었다. 물론 식약처가 과도한 잣대를 들이댔다는 주장도 있다. 첨단 분야에 해당하는 세포 치료제를 두고 너무 과한 과학적 자료를 요구하면 이를 충족할 수 있는 기업이 몇이나 되겠냐는 것이다.

한편 수십 년간 세포 분야의 전문가로서, 또 학자로서의 양심을 걸고 통증 완화 효과 정도만 지닌 세포 치료제를 첨단 의약품으로 허가해서 국민이 수천만 원을 내고 맞아야 한다면 허가해줄 수는 없었다며, B 교수는 통탄했다.

# 백신 개발과 모럴 해저드

국내에서 코로나19 환자가 처음 보고됐을 때, 대다수의 전문가가 대수롭지 않게 여기고 기껏해야 몇 개월 정도 유행하고 끝날 것으로 예상했다. 그 이전에 유행했던 사스나 메르스 등이 모두 1년을 넘기지 않고 사라졌기 때문이다. 그러나 코로나19 대유행은 3년 넘게 진행됐다. 최근 가장 오랫동안 전 세계를 강타한 바이러스 감염병이다.

우리 정부는 코로나19 발생 초기에 발 빠르게 진단 키트를 개발해 대응했고, 곧 치료제와 백신을 만들겠다고 선언했다. 정부가 코로나19 백신 개발을 천명하면서 국내 회사 네 곳이 백신 개발에 나섰다. 저마다 백신 플랫폼은 달랐지만, mRNA 방식의 백신을 개발하지는 않았다.

그러던 중에 화이자와 모더나의 mRNA 백신이 상용화되면서 분위기는 급격하게 바뀌었다. 정부는 mRNA 백신을 상용화하겠다는 강력한 의지를 표명했다. 그러자 mRNA 백신을 개발하겠다고 여러 회사가 나섰다. 그런데 그중에 백신을 개발한 경험이 있는 회사가 거의 없었다. 초기에 개발에 나섰던 네 개 회사도 상황은 비슷했다. 결론적으로 국내에서 코로나19 백신 개발에 성공한 기업은 단 한 곳뿐이었다. 그나마 한 회사라도 성공했으니 국산 코로나19 백신 개발을 천명했던 정부도 체면치레는 한 셈이다. 다른 회사들은 중도에 개발을 포기하거나 흐지부지된 채 사람들의 기억에서 서서히 잊혔다.

코로나19 대유행 상황에서 정부가 백신 개발을 주도하려 한 것은 바람직하다. 그리고 정부의 지원에 힘입어 기업들이 백신 개발에 나선 것도 긍정적이다. 하지만 갑자기 정부가 mRNA 백신 개발에 전념하면서 사실상 다른 플랫폼의 지원에는 소홀해진 것도 사실이다. 게다가 정부가 mRNA 백신 개발을 전폭적으로 지원하자 백신 개발에 별로 관련이 없는 바이오 기업조차 mRNA 백신 개발에 나선 것은 어떤가? 이들 기업은 대부분 정부 지원금으로 백신 개발에 나섰다. 어차피 정부 돈이니 기업 측면에서는 중도에 개발을 포기하거나 실패해도 손해는 아니다. 자신의 돈을 들여야 할 연구 개발을 정부 돈으로 한 셈이기 때문이다.

여기서 도덕적 해이, 즉 모럴 해저드가 발생한다. 어떤 기업은 정부 돈으로 성실하게 백신을 개발했지만, 아직 기술력이 없어서 실패했을 수도 있다. 반면 어떤 기업은 정부 돈만 받고 적당히 하는 척만 하면서 백신 개발 회사로 이미지를 세탁했다. 2023년 1월, 검찰은 식품의약품안전처의 코로나19 백신과 치료제 등 의약품 임상시험 승인 과정에 불법행위가 있었는지 확인하기 위해 강제수사에 들어갔다.[*] 당시 국가신약개발사업단이 운영한 코로나19 치료제 개발 지원 사업과 관련해

---

- https://www.yna.co.kr/view/AKR20230112141851004

특정 기업이 특혜를 받았다는 고소장이 접수된 데 따른 조치라는 소문이 돌았다. 정부는 국가신약개발사업단을 통해 2020년 9월부터 2022년 1월까지 약 2년간 코로나19 치료제·백신 신약 개발 사업을 진행했다. 사업단은 같은 기간 코로나19 치료제를 개발한 다섯 개 사와 백신을 개발한 아홉 개 사 등 열네 개 사의 임상시험 과제를 지원했다. 치료제 개발에 1,512억 원, 백신에 2,575억 원 등 4,127억 원의 임상시험 지원금을 책정했고, 이 가운데 1,679억 원이 집행됐다. 그런데 제품으로 출시된 것은 셀트리온의 항체 치료제와 SK바이오사이언스의 백신뿐이었다.

물론 검찰의 식약처 수사를 두고 전 정권에 대한 정치적 보복 수사라는 지적도 있었다. 진실이 무엇인지는 아직 명확하게 밝혀지지 않았다. 다만 한 가지는 분명해 보인다. 정부가 유행을 따라가듯 특정 아이템을 집중적으로 지원하면, 자의든 타의든 기업의 모럴 해저드가 일어날 가능성이 지원 액수에 비례해 높아진다는 사실이다.

# 링컨6 에코의 꿈

지상 낙원으로 알려진 아일랜드에서 탈출한 링컨6 에코는 자신과 똑같은 톰 링컨이라는 사람을 마주하고 경악한다. 톰 링컨은 현실 세계에 존재하는 사람으로, 링컨6 에코는 톰 링컨의 의뢰로 제작된 복제 인간이었다. 병을 앓고 있던 톰 링컨은 장기를 통째로 교환하기 위해 아일랜드 회사에 복제 인간을 의뢰했고, 아일랜드가 만든 톰 링컨의 복제 인간이 링컨6 에코였다. 영화 〈아일랜드〉의 내용이다.

영화 속 주제로 종종 등장하는 복제 인간은 현실에서는 불가능하다. 기술적으로도 힘들지만, 생명 윤리 측면에서도 허용되지 않기 때문이다. 그런데 복제 인간까지는 아

〈아일랜드〉(2005)  ©IMDB

니더라도 고장이 난 장기를 새 장기로 대체하는 것은 어떨까? 제임스 왓슨과 프랜시스 크릭이 DNA의 이중나선 구조를 규명한 지 70년이 넘었다. DNA 이중나선 구조의 발견은 생명체의 유전물질인 DNA 연구를 폭발적으로 발전시키는 결정적인 계기가 됐다. 생물학에서는 생명 현상을 DNA 수준에서 알아보는 분자생물학molecular biology이 태동했다. 분자생물학에서 언급하는 분자는 DNA나 RNA, 단백질과 같은 생체 분자다. 과학자들은 유전물질인 DNA의 비밀을 규명하면 생명 현상을 이해할 수 있고, 이를 바탕으로 질병 정복에도 한발 다가설 것으로 기대했다. 이 책에서 기술한 DNA나 RNA, 단백질을 활용한 치료제 개발은 과학자들의 기대가 현실로 이어진 사례다.

지금도 DNA나 RNA, 단백질을 이용한 수많은 신약 후보 물질의 인체 임상시험이 진행되고 있다. 앞으로는 마땅한 치료제가 없었던 질병에 대한 신약이 보건당국의 허가를 받을 것으로 기대된다. 코로나19 이전에는 없었던 mRNA 백신이라는 새로운 기술을 활용한 신약이 개발되었듯이 말이다. 이런 새로운 방식의 신약 개발이 가능해진 이유는 바이오 분야의 기술 혁신이 상상할 수 없을 정도로 빠르게 진행되고 있기 때문이다.

이런 변화의 흐름 속에서 한 가지 주목할 것은 질병 치료의 패러다임도 서서히 변하고 있다는 점이다. 신약 개발의 역사를 살펴보면 신약은 저분자 화합물인 합성 신약에서 출발했다. 합성 신약은 화학적으로 합성해 만드는 약이다. 하지만 세포 특이성이 없어 정상 세포에도 영향을 미칠 수 있고, 이로 인해 부작용이 크다는 단점이 있다. 이런 문제를 극복하기 위해 나온 것이 바이오 신약이다. 바이오 신약은 항체와 같은 생체 물질을 활용한 것으로, 표적 세포에 대한 치료 효과는 커지고 정상 세포에 미치는 부작용은 합성 신약보다 현저히 줄어든다. 항체 치료제 이후 태동하기 시작한 것이 유전자를 이용한 치료제와 세포를 이용한 치료제다. 유전자 치료제는 유전자 자체를 치료 물질로 활용한다는 점에서 혁신적인 치료 물질임에는 이론의 여지가 없다. 다만 치료 대상인 질병의 원인이 유전자로 명확해야 치료 효과를 극대화할 수 있다. 이런 이유로 유전자 치료제는 대부분 유전병을 대상으로 한다.

유전자 치료제와 별개로 세포 치료제 역시 매우 매력적인 치료 물질 이다. 우리 몸에서는 DNA를 청사진으로 RNA가 만들어지고, 이 RNA를 바탕으로 단백질이 만들어진다. 단백질이 만들어지면 이 단백질을 가지고 세포는 여러 일을 수행한다. 세포 자체적으로 특정한 일을 하기도 하지만, 인접한 세포와 끊임없이 소통한다. 이런 관점에서 세포를 소우주라고 표현한 것이다. 세포 치료제는 세포끼리 벌어지는 복잡한 생명 현상에 대해 세포를 이용해 대응할 수 있다는 장점이 있다. 쉽게 말해 우리 몸에서 벌어지는 생명 현상, 범위를 좁혀 특정 질병의 원인과 발병 기전을 분자 단위에서 치료할 수 있다는 말이다. 이는 줄기세포 치료제부터 CAR-T와 같은 면역 세포 치료제까지 모든 세포 치료제에 해당한다.

여기서 더 발전하면 세포를 넘어 조직tissue 자체를 치료 물질로 활용할 수 있다. 조직은 공동의 기능을 수행하기 위한 특정 세포들의 집합체다. 조직에서 더 나아가면 특정 기능을 수행하는 장기로 발전할 수 있다. 지금도 미니 장기 내지는 장기 유사체로 불리는 오가노이드organoid가 있다. 오가노이드는 특정 세포를 3차원 구조로 배양해 만든 것으로,

특정 장기의 기능을 수행하는 세포 덩어리다. 오가노이드는 특정 장기를 대체할 수는 없지만, 약의 효능을 테스트하는 용도로 활용되고 있다. 폐암 환자에게 가장 잘 듣는 항암제를 선별할 때 각 폐암 항암제를 환자의 세포로 만든 폐 오가노이드에 처리하면 항암제에 따른 효능의 차이를 알 수 있다. 이런 식으로 가장 적합한 폐암 항암제를 선별한 뒤 실제 환자에게 투여하면 치료 효과를 극대화할 수 있다.

현재 질병 치료는 저분자 합성물에서 세포를 이용하는 단계까지 발전했다. 저분자 합성물과 항체 등 바이오 의약품이 미시적인 치료 접근이라면, 세포나 조직, 장기 등을 활용한 방법은 거시적인 치료 접근이다. 미시적인 접근이 바탕이 돼야 거시적인 접근도 가능하겠지만, 인류가 미시적인 접근으로 생명 현상의 원리를 모두 파헤칠 수 있을지는 의문이다.

생명 현상의 원리는 모르더라도 문제가 되는 세포나 조직, 장기를 통째로 새것으로 바꿔준다면 바꿔준 세포나 조직, 장기가 알아서 문제를 해결할 것으로 기대하고 있다. 이 지점에서 세포 치료제가 등장한 것은 미시적인 치료 접근에서 거시적인 치료 접근으로의 변혁이다. 변혁의 속도는 더딜지 모르지만, 장기적으로는 질병 치료의 패러다임도 거시적인 치료로 바뀔 것이다.

# 혹한을 뚫고 핀 꽃 한 송이

갑 오브 갑이라는 말이 있다. 갑은 갑을甲乙 관계에서 나온 용어로, 을보다 우월적인 지위에 있는 사람을 지칭한다. 바이오업계에서 갑 오브 갑은 단연 투자자다. 투자자는 바이오 기업에 돈을 대는 사람이나 기관, 회사다. 신약을 개발하는 바이오 기업은 신약을 식약처로부터 승인받아 신약을 팔아야 비로소 매출이 발생한다. 그러므로 신약을 승인받기 전까지는 기본적으로 매출이 발생하지 않는다. 승인을 받기 전까지 수익이 없으니 외부로부터 자금을 지원받아야 연명할 수 있다. 그렇지 않으면 본업인 신약 개발 이외 부대 사업을 통해 돈을 벌어야 한다. 국내의 경우 코스닥에 등록한 기업은 등록 후 5년까지는 매출을 유예해주지만, 이후부터 연 30억 원의 매출을 올려야 한다. 1원 한 장의 매출도 없는 부실기업을 방지하기 위한 최소한의 조치다.

그런데 2022년 1월부터 바이오업계에서 생명줄을 대주는 투자자를 좀처럼 찾기 힘든 기묘한 상황이 벌어졌다. 회사 대표들이 투자자를 만나 IR을 진행하려고 해도 투자자들이 좀처럼 만나주지 않는다는 것이다. 굵직굵직한 투자 컨퍼런스나 바이오 관련 행사에도 바이오 기업 관계자만 넘쳐날 뿐, 투자자의 그림자도 찾기 힘들다고 업계 관계자들은 토로했다.

매년 1월이면 미국 샌프란시스코에서 바이오 분야 최대 투자 행사인 JP모건 헬스케어 컨퍼런스가 열린다. 2023년 JP모건 컨퍼런스는 코로나19로 인해 그동안 비대면으로 진행했다가 3년여 만에 대면으로 열렸다. 그런데 투자 컨퍼런스라는 이름이 무색할 정도로 투자자를 찾기 힘들었다고 한다. 유망 벤처 기업을 발굴해 투자하는 것이 투자자 본연의 일인데, 왜 이런 일이 발생한 것일까?

이에 대한 해답을 찾기 위해서는 2022년 이전의 최근 5년 동안 바이오 분야에서 무슨 일이 있었는지 살펴볼 필요가 있다. 주지하다시피 2019년 말부터 시작된 코로나19 감염증으로 전 세계는 혼란과 공포에 휩싸였다. 처음엔 사스나 메르스처럼 곧 끝날 것처럼 여겨졌지만, 코로나19 팬데믹은 예상보다 길어서 2023년 5월이 돼서야 종료됐다. 코로나19 감염증은 폭발적으로 확산하여 전 세계적으로 수많은 인명을 앗아갔다. 사회적 거리 두기, 마스크 의무 착용 등 강력한 방역 조치가 발동됐지만, 이것만으로는 바이러스 감염을 막기엔 역부족이었다.

이즈음 구원 투수로 등판한 것이 백신이었다. 미국에서 처음으로 코로나19 백신이 상용화하면서 전 세계는 기나긴 코로나19의 터널에서 벗어날 수 있을 것으로 기대했다. 백신과 맞물려 코로나19 항바이러스 치료제 역시 이 같은 기대에 힘을 실어줬다. 백신과 치료제에 더해 코로나19에 감염됐는지 확인하는 진단 키트 역시 불티나게 팔렸다. 백신과 치료제, 진단 키트는 모두 바이오업계의 영역이다. 코로나19 기간에 수

많은 바이오 기업들이 백신이나 치료제, 진단 키트 개발에 뛰어들었다. 당시 주식시장은 코로나19와 관련됐다는 소문만으로도 해당 기업의 주식이 상한가를 쳤다. 이 기간 바이오 기업의 주가 상승은 논리적으로는 설명할 수 없는, 말 그대로 광풍의 도가니였다.

그런데 코로나19 관련 바이오 기업들이 모두 치료제나 백신 개발에 성공한 것은 아니다. 국내에서 보건당국의 승인을 받은 코로나19 백신과 치료제는 각각 하나씩에 불과했다. 2022년에 들어서며 코로나19가 이전보다 기세가 약해지면서, 코로나19로 떴던 바이오 기업의 주가는 폭락하기 시작했다. 물론 이때는 전 세계적으로 금리 인상 등 긴축재정을 펼치면서 투자 시장이 얼어붙기도 했다. 하지만 유독 바이오 분야의 하락이 다른 업종보다 상대적으로 컸다. 이런 주식 시장을 목격하면서 수많은 개미 투자자는 바이오 기업의 실체를 이전보다 명확하게 깨달았다.

코로나19 이전인 2015~2019년에도 국내에서 바이오에 대한 투자는 광풍 수준이었다. 바이오라는 이름은 단 기업은 그 기업의 실제 가치나 기술력에 상관없이 상장에 성공했고, 상장만 하면 상한가를 쳤다. 코스닥은 사실상 바이오가 이끄는 시절이었다. 마치 IMF 직후인 2000년대 초기 IT 기업의 거품과 비슷했다. 코로나19 이전부터 사실상 국내 바이오 주식 시장엔 거품이 끼기 시작했다. 그 거품이 절정에 이른 것이 코로나19 시기다. 이 같은 기현상에는 기관 투자자와 상장 관련 업무를 진행하는 증권회사, 이른바 세력이라고 불리는 전문 주식 투기꾼, 바이오 기업의 도덕적 해이가 한몫했다. 바이오라는 그럴듯한 이름으로 회사를 만들고 이 회사를 상장시켜 이른바 돈 놓고 돈 먹기를 한 것이다.

2023년, 국내 증시를 뜨겁게 달군 것은 2차 전지 테마주였다. 이때에도 2차 전지 관련 기업들이 우후죽순 생겼고, 별다른 이유도 없이 주가는 고공행진을 했다. 2021년 말부터 꺼지기 시작한 거품은 세계 경제 둔화와 맞물려 바이오 분야의 투자는 혹한기를 맞이했다. 2021년 말부터 바이오 기업의 상장은 사실상 맥이 끊기다시피 했다. 그나마 상장하는 기업조차 공모가를 대폭 낮춰야 상장할 수 있었다. 이 혹한기에 바이오 분야 투자는 사실상 중단됐다.

그렇다면 바이오 투자 혹한기는 나쁘기만 한 것일까? 그렇지 않다. 혹한기임에도 불구하고 알짜 기업들은 투자를 유치했다. 실력 있는 기업들은 생존한 것이다. 반면 기술력이 없는 기업들은 투자 유치에 애를 먹으면서 직원들의 절반을 해고하는 등 고강도 구조조정에 나섰다. 결과적으로 혹한기가 바이오 산업계에서 자정 작용을 하는 것이다.

혹한기가 언제 끝날지는 알 수 없지만, 바이오업계에서는 이르면 2023년 말부터 혹한기가 풀릴 것으로 전망하고 있다. 그쯤이면 탄탄한 기술력을 갖춘 기업은 살아남고, 기술력이 없는 기업들은 자연스레 도태됐을 가능성이 크다. 투자자 측면에서 투자 대상이 대폭 줄어든 셈이다. 그렇다면 알짜 기업들에 돌아가는 투자금은 이에 비례해 증기할 것이다. 추운 겨울을 이겨내면 비로소 새싹이 돋듯, 바이오 분야의 최대 혹한기를 버텨낸 기업들이 꽃을 피울 날이 점점 다가오고 있다.

# CEO의 무게

대한민국의 신체 건강한 남성이라면 누구나 군대를 간다. 일반병이 아닌 직업 군인의 경우, 별을 달고 장군으로 진급하는 것이 꿈이다. 군대가 아닌 일반 직장인들은 평사원으로 입사해서 이사로 승진하는 것, 즉 임원이 되는 것이 별을 다는 것에 해당한다. 그만큼 임원이 되는 것이 힘들다는 말이다.

임원의 꽃은 대표이사, 즉 CEO다. 대표이사는 이사들을 대표한다는 의미도 있지만, 그 회사를 대표하는 사람이라는 뜻도 있다. 그만큼 회사 경영에 있어 CEO는 중요하다.

보통 임원으로 승진하면 대략 100가지 정도의 혜택이 부여된다고 한다. 그러므로 임원의 핵심인 CEO로 선임되면 더 많은 혜택을 누릴 것이다. 하지만 CEO에게는 그만큼 큰 책임이 뒤따른다.

막 시작한 바이오 벤처 기업의 CEO라면, 2023년과 같은 투자 혹한기에는 좀처럼 투자자의 지갑을 열기가 쉽지 않다. 그렇다고 회사 문을 닫을 수도 없는 노릇이다. 회사 경영을 위해 외부 자금을 끌어와야 하는

데, 은행에서 대출을 받으려면 담보가 필요하다. 이제 창업한 지 얼마 되지 않은 회사가 별다른 담보가 있을 리 없다. 그러면 CEO는 자신이 가진 회사 지분 일부를 은행에 담보로 제공하고 돈을 빌려 회사 운영에 쓴다.

급한 대로 회사 경영에 필요한 돈은 마련했지만, 여기서 끝나는 것이 아니다. 은행에서 돈을 꿨으니 대출 이자를 내야 한다. 은행 돈으로 겨우 연명하는 회사가 대출 이자를 낼 만한 여유 자금이 있을 리 만무하다. CEO는 자신의 월급에서 대출 이자를 지급한다. 말이 좋아 CEO지, 실수입은 생각보다 많지 않다. 오히려 회사 상황에 따라 마이너스가 될 소지도 크다.

바이오 벤처의 경우 대표이사가 창업자이자 대주주인 경우가 많다. 주식회사는 유한 책임 회사이지만 대주주인 CEO의 책임이 가장 크기 때문에 CEO는 자금 문제뿐만 아니라 진행 중인 파이프라인도 신경 써야 한다. 혹시라도 동물실험이나 임상시험에서 부정적인 결과가 나오면 타격이 이만저만이 아니다. 이런저런 고민으로 잠도 제대로 못 자는 것이 CEO다. 그래서 CEO들은 주변 사람들에게 창업하지 말라고 말리곤 한다.

코스닥에 등록하고 시가총액도 상당한 바이오 기업의 CEO의 경우, 겉으로는 아무런 문제가 없어 보이지만 아직 보건당국으로부터 승인받은 신약이 없이 수년째 개발만 하고 있는 실정이라면, 주식은 고점 대비 절반도 안 되는 가격에 거래될 것이다. 어느 날 CEO는 자신이 가진 지분 일부를 평소 잘 아는 투자자들에게 판다. 투자자들은 B 회사의 주식 가치가 현재는 낮지만 미래에는 오를 것으로 기대하고 지분을 늘리는

데 찬성한다. CEO는 이런 식으로 B 회사의 지분을 조금씩 정리하다가 결국에는 다 털어버리고 대표이사직에서 사퇴한다. 그러는 사이 CEO 는 매각한 지분으로 또 다른 바이오 벤처를 창업한다. 파이프라인은 B 회사에서 적당한 것을 하나 가지고 나온다.

이렇게 새로 창업한 회사의 CEO는 파이프라인을 가지고 나오면서 같이 나온 수석 연구원에게 관리를 맡기고, 대신 본인은 대주주 신분을 유지한다. 겉으로 보기에 이 회사는 이전 회사의 CEO와 무관한 것처럼 보이지만, 이전 CEO가 사실상 새로운 회사의 실질적인 주인이라는 것을 아는 사람은 안다. 결과적으로 이 CEO는 기존의 회사에서 새로운 회사로 이름만 바뀠을 뿐 별로 달라진 것이 없다.

혹자는 이를 선진 금융공학이라고 하지만, 내가 보기엔 일종의 꼼수다. 원래 창업한 기업이 주식시장에서 큰 평가를 받지 못하고, 진행 중인 파이프라인도 결과가 아득하다 보니 적절한 선에서 털고 나온 것이다. 유한 책임은 자신의 지분만큼 책임을 진다는 의미인데, 과연 이 CEO는 지분을 털고 나오기 전에 주주들에게 책임을 다한 것일까?

CEO는 회사 경영을 책임지는 사람이다. 바이오 기업은 연구 개발도 중요하지만, 연구 개발을 위해선 회사 경영도 잘해야 한다. 경영은 수입과 지출로 요약되는 만큼, 어떻게 돈을 유치할 것이냐가 CEO의 주된 업무 가운데 하나다. 그런데 생각보다 할 일이 많고 신경을 써야 할 부분도 많아서 정작 연구 개발에 소홀한 경우도 비일비재하다. 바이오 기업처럼 기술로 먹고사는 회사는 무엇보다도 연구 개발에 목숨을 걸어야 한다. 그런데 그 핵심 기술을 가장 잘 아는 CEO가 연구 개발보다 다른 일에 집중한다면 그 기업의 미래가 유망하다고 할 수 있을까?

# 구두 발표의 위엄

매년 6월이면 미국 바이오의 심장, 보스턴에서 세계 최대 규모의 바이오 전시회가 열린다. 보스턴은 하버드대학, MIT, 하버드의과대학 병원, 바이오 벤처 등이 몰려 있어 미국을 대표하는 바이오 밸리로 꼽힌다. 이 행사의 정식 명칭은 바이오 인터내셔널 컨벤션으로, 바이오 USA라고도 부른다. 바이오 USA는 전 세계 바이오 산업의 흐름을 한눈에 볼 수 있는 국제 행사로 각종 비즈니스 미팅과 컨퍼런스가 4일간 진행된다. 정보통신 분야에 CES가 있다면 바이오 분야에는 바이오 USA가 있나고 하면 이해하기 쉬울 것이다.

바이오 USA에 참여하는 한국 기업의 수는 해마다 늘어서 2023년엔 544개 기업이 참여했다. 이는 2022년보다 두 배 많은 수치로, 개최국인 미국 다음으로 많다. 2023년 6월에는 3년 넘게 이어진 코로나가 끝나면서 예년보다 참가 기업 수가 대폭 늘었다. 바이오 USA에 참여한 한국 기업 가운데 단연 돋보이는 기업은 삼성바이오로직스다. 이 회사는 창사 이래 11년 연속 단독 부스로 바이오 USA에 참가하고 있다. 부스 위

치도 전시장 메인이고, 규모도 참가 기업 가운데 두 번째로 크다.

바이오 산업을 잘 모르는 사람이 보기에 삼성바이오로직스가 두 번째로 큰 부스를 단독으로 운영하고 국내 참여 기업 수가 두 번째로 많으니, 국내 바이오 산업의 역량이 세계 두 번째인 것처럼 오해할 수도 있다. 안타깝게도 현실은 그렇지 않다. 과학기술정보통신부의 제4차 생명공학육성 기본 계획 보도자료(2023년 6월 7일)를 살펴보면, 2020년 한국의 바이오 기술은 미국 대비 77퍼센트이며 국내 바이오 산업 규모도 43조 원에 불과하다. 신약 개발 면에서는 더 초라하다. 2023년 기준으로 국내 기업이 미국 FDA에서 승인받은 신약은 두 개에 불과하다.

그렇다면 그 많은 국내 바이오 기업은 왜 바이오 USA에 참여하는 것일까? 국내 바이오 기업들이 대거 바이오 USA에 참여하는 이유는 글로벌 제약·바이오 기업과 협력 관계를 모색하고 개발 중인 파이프라인을 적극적으로 홍보하기 위해서다. 바이오 USA가 열리는 동안 국내에는 바이오 USA 관련 기사가 쏟아진다. 주로 특정 회사 CEO의 인터뷰 기사들인데, 내용을 뜯어보면 특별한 내용도 없다. 이미 국내에서 발표했던 내용을 재탕한 것이 대부분이다. 바이오 USA가 바이오의 현재와 미래를 한눈에 볼 수 있는 행사라면, 적어도 현재 바이오의 트렌드와 미래를 이끌 혁신 모달리티가 무엇인지 정도는 소개하는 것이 옳다고 본다. 그런 큰 흐름 속에서 강소 국내 기업의 기술을 알기 쉽게 풀어준다면 사람들도 이해하기 쉽고 바이오에 관심이 없던 사람들도 관심을 가질 수 있다. 그런데 아쉽게도 이런 심층 기사는 찾기가 쉽지 않다. 이래서는 바이오 USA에 참여하는 의미가 없다.

바이오 USA가 보스턴에서 열리는 동안, 시카고에서는 세계 3대 암

학회 가운데 하나인 미국 임상종양학회가 열린다. 암 분야의 임상시험 등 최신 연구 성과를 발표하는 학술 행사라서, 임상종양학회에서 좋은 연구 성과를 발표하는 것은 곧 그 기업의 기술력과 직결된다. 그런데 어떤 연구 성과가 좋은 것인지 가끔 혼동될 때가 있다. 관련 분야를 잘 모른다면 전문 용어가 많아서 도통 무슨 얘기인지 이해하기 어렵다.

이럴 때 유용한 판단 기준이 연구 성과 발표를 구두로 하는지, 포스터로 하는지 여부다. 구두 발표는 참여 기업 가운데 주최 측이 선정한 몇몇 기업과 연구자로 한정된다. 관련 전문가들이 전 세계에서 제출된 연구 초록을 살펴보고, 그 가운데 연구 성과가 탁월한 경우 구두 발표자로 선정된다. 반면 포스터 발표는 기업이 자체적으로 포스터를 통해 발표하는 것이라, 학회에 참여하는 기업이라면 누구나 할 수 있다. 학회에 가보면 여기저기에서 포스터를 볼 수 있다.

미국 임상종양학회만큼 큰 학술 행사는 아니지만, 혈액암 분야의 세계적인 국제학회 ICML가 6월 중순에 스위스에서 열린다. 이 학회에 한국의 큐로셀이 한국 기업으로는 처음으로 구두 발표자로 참여했다. 큐로셀도 5월에야 구두 발표자로 선정됐다는 사실을 통보받았다고 한다. 이들은 혈액암 세포 치료제를 개발하는 회사로, 임상 2상 결과 현재 상용화된 혈액암 세포 치료제보다 효능이 좋은 것으로 나왔다고 설명했다.

바이오 USA, 미국 임상종양학회, ICML뿐만 아니라 바이오 분야 컨퍼런스와 학회는 사실상 1년 열두 달 열린다. 기업의 측면에서는 되도록 많은 행사에 참여해 홍보하는 것이 중요한 경영 활동 가운데 하나겠지만, 큐로셀처럼 좀 더 내실을 다져 강력한 한 방을 준비하는 것이 이런저런 행사에 참여하는 것보다는 효과적이지 않을까 싶다.

# 의대 열풍, 언제까지?

카이스트는 국내 과학기술 특성화 대학의 맏형격으로, 우리나라에서 대표적인 이공계 연구 중심 대학이다. 바이오 관련 취재가 있어 이곳의 교수와 인터뷰했는데, 문득 의대 열풍이 떠올라 "교수님, 자제분도 의대 진학을 계획하는지요?"라고 물어봤다. 그런데 교수님의 대답이 인상적이었다. "우리 아들은 공부를 못해서 의대 진학을 고려하고 있지 않아요. 그런데 우리 과 다른 교수님의 자제분들은 모두 의대 입학에 대비해 공부하고 있어요"라는 것이었다. 그러면서 의대 진학의 첫 번째 코스는 유치원 때부터 영어 공부를 하는 것이란다.

불현듯 20년 전 어떤 교수님의 얘기가 떠올랐다. 이 교수님도 이공계 대학교수였는데, "우리 아들이 이공계 대학에 진학한다고 하면 다리를 부러뜨려서라도 말리겠다"고 했다. 20년 전 카이스트를 비롯해 이공계 교수들 사이에서는 그런 이야기가 유행했다. 박사 학위까지 긴 시간을 들여 공부하고 취업해도 첫 연봉이 시원치 않았기 때문이다.

특히 의사와 비교하면 더욱 차이가 난다. 개인적으로 잘 아는 한 대학 병원 교수는 자기가 생각해도 연봉을 많이 받는다고 털어놓은 적이 있다. 구체적인 액수를 말하지 않았지만, 얼핏 짐작하기로 수억 원대인 것 같았다. 그러나 현직 이공계 대학교수의 연봉은 그렇지 않다.

내가 대학을 갓 졸업한 20여 년 전이나 지금이나 의대 선호 현상은 변함없어 보인다. 더구나 최근에는 이공계 고등학생의 의대 쏠림 현상이 더욱 심해지고 있다. 서울대 공대에 입학한 학생들조차 대부분은 반수나 재수를 해서 의대에 입학한다. 상황이 이렇다 보니 의대를 제외한 이공계 학과는 인재의 씨가 마를 지경이라고 하소연한다. 학부에서 최상위권 성적을 낸 학생조차 졸업하고 의대로 유출된다고 한다. 도대체 의사라는 직업이 뭐길래 우수 이공계 인력을 빨아들이는 블랙홀 역할을 하는 것일까?

감기에 걸리면 가끔 가는 동네 내과 의원이 있다. 의사는 참 친절한데, 그 의원에서 약을 처방받으면 다른 병원보다 잘 안 나았다. 그런데 약을 참 많이 줬다. 약은 많이 주는데도 약을 먹어도 잘 낫지 않아서 도대체 왜 그럴까 궁금하던 차에, 어느 날 그 비밀이 풀렸다. 의사 선생이 동네에서 개업하기 전에 대학 병원에서 외과 의사로 일했다는 것이다. 외과 의사도 버젓이 내과 개업의를 할 수 있는 게 의사라는 직업이다. 게다가 의사는 평생 큰 사고를 치지 않으면 의사 면허를 유지한다. 평생 직업이라는 얘기다. 한편 동네에서 좀 잘한다고 소문이 난 다른 내과 의원이 있다. 이 병원의 의사는 나이가 지긋한 할아버지였다. 1주일에 5일이나 병원에서 클래식 음악을 들으며 일할 수 있다니, 노년에 이만한 행복이 또 있을까 싶었다.

이런 것만 보더라도 왜 의사가 인기가 많은 직업인지 유추할 수 있다. 한마디로 의사는 평생 돈을 안정적으로 벌 수 있는 직업이다. 이러니 의사를 마다할 이유가 없어 보인다. 특히 부모 입장에서는 자식을 의대에 보내는 것이 너무나도 당연하다.

그런데 내 생각은 다르다. 의사가 직업 측면에서 매우 매력적인 것은 맞지만, 그렇다고 똘똘한 아이들이 모두 의사가 돼야 하는 것은 아니다. 기본적으로 의사는 의료 행위를 하는 사람이다. 어떤 의료 행위를 하느냐에 따라 난도 차이가 있겠지만, 일정 기간 수련하면 누구나 할 수 있다. 그 일정 기간이 지나면 의사는 의료 행위를 반복적으로 하는 직업인에 불과하다. 크게 머리 쓸 일이 없어진다는 얘기다. 머리는 평생 연구를 해야 하는 사람들이 쓰는 것이다. 연구는 끊임없이 고민하고 그 과정에서 창의적인 아이디어를 내야 하기 때문이다. 그러므로 의대에 입학해서 의사가 된 그 똘똘한 아이들이 모두 의사만 한다면 국가적으로 매우 큰 낭비다.

서울 지하철 3호선 압구정역에서는 어느 출구로 나오든 눈에 쉽게 띄는 간판과 마주한다. 바로 성형외과 간판이다. 우리나라 성형외과의 절반 이상이 압구정동에 몰려 있다고 해도 과언이 아닐 듯하다.

성형외과 천국인 압구정동에서도 빌딩 하나를 통째로 쓰는 잘나가는 원장님과 저녁을 같이 했다. 회식이 무르익으면서 이런저런 얘기가 나왔는데, 그중 하나는 의사로서의 삶이었다. 그런데 20년 넘게 성형외과 의사를 하면서 돈은 웬만큼 벌었지만, 직업적인 만족도는 크지 않다고 말했다. 20년을 하다 보니 매일 똑같은 일만 반복하는 것 같아 자괴감이 든다는 것이다. 게다가 수술 후 환자들의 애프터서비스 요구가 많은데 일일이 다 들어주려니 보통 피곤한 일이 아니라고 말했다. 직원들은 주 5일제를 지켜야 하지만, 자신은 토요일에도 일한다고 토로했다. 그래서 다시 직업을 가질 수 있다면 성형외과 의사는 하고 싶지는 않다는 것이었다.

한편 그분의 처남도 의사인데, 연구하는 의사라서 주말에는 일을 하지 않는다고 한다. 여기에 더해 처남이 하는 일은 아무나 하는 일이 아니라며 부러워했다.

우리나라에는 아직 낯선 개념이지만, 의사 과학자라는 용어가 있다. 의대를 진학해 환자를 진료하는 의사가 되는 것이 아니라 말 그대로 연구하는 과학자가 되는 것이다. 앞의 성형외과 의사의 처남도 의사 과학자다. 우리나라에서도 의대를 졸업해 의사가 아닌 연구자의 길을 걷는 의사 과학자가 있다. 하지만 의사와 비교할 때는 미미한 수준이다. 사실상 한국 의료계에서는 본인이 희망하는 전공과를 선택하지 못해 차선책으로 연구자의 길을 걷는 경우가 많다. 극히 이례적으로 연구가 좋아서 의사 연구자를 선택하기도 하지만 말이다.

요즘 정부에서 의사 과학자가 중요하다며 의사 과학자 양성을 운운하지만, 의사 과학자가 정말 유망한 직업이라면 딱히 정부에서 나서지 않아도 의내생들이 알아서 의사 과학자가 되려고 할 것이다. 따라서 의사 과학자를 선망하게끔 사회 전반적인 인식을 전환할 필요가 있다.

의대 인기의 비결은 상대적으로 다른 직업보다 높은 연봉에 있다. 그렇다면 의사 과학자도 의사 못지않게, 그보다 더 많이 돈을 벌 수 있으며 반복적인 일을 하는 직업인이 아니라 개인의 발전도 함께 이룰 수 있다는 점 등을 알리면 된다. 그러면 의대 내 최고 인기과로 불리는 피안성(피부과, 안과, 성형외과)에 쏠리던 의대생들도 의사 과학자의 길을 걸을 것이다.

　그렇다면 어떻게 의사 과학자를 육성할 수 있을까? 여러 해법이 있
겠지만, 내가 생각하기에 가장 현실적이면서도 빠른 길은 의사 과학자
가 창업한 바이오 기업이 대박을 치는 것이다. 어떤 의대생이 의대를 졸
업하고 의사 과학자의 길을 걸으며 회사를 창업했는데, 이 회사가 승승
장구해 창업 10년 만에 신약을 개발하고 코스닥에도 상장한다면, 창업
자인 의사 과학자는 엄청난 부를 거머쥘 것이다.

　실제로 2023년 상반기에 한국 사회에서 이런 일이 벌어졌다. L기업
은 CEO가 의대 출신인 인공지능 바이오 기업이다. 이 회사는 인공지능
프로그램으로 특정 항암제가 환자에게 잘 맞는지 분석해주는 서비스를
제공한다. 이 기업의 주가는 연초 대비 일곱 배 가까이 껑충 뛰었다. 주
가 상승이 기업의 내재 가치를 반드시 증명하는 것은 아니지만, 나름의
의미가 있다. 이곳의 CEO는 의대를 졸업했지만 환자를 보는 의사의 길
보다는 연구자의 길을 걸었고, 그 결과 엄청난 성공을 거두었다.

# 박사 과정에서 《네이처》에 논문을 낸다면

박사후연구원은 박사 학위를 취득한 후 일하는 연구원을 의미한다. 학위 과정을 졸업했기에 실질적으로 박사후연구원부터 직장인이라고 볼 수 있다. 바이오 등 이공계 분야에서 박사 학위를 취득한 후 박사후연구원을 어디서 하느냐는 매우 중요하다. 이 기간에 연구원으로서 경력의 첫발을 내딛기 때문이다.

내가 대학을 다닐 때만 해도 박사후연구원은 미국에서 하는 것이 필수적이다시피 했다. 좀 더 빠르면 박사 학위부터 유학하는 친구들도 많았다. 여기서 더 빠른 친구들은 아예 석사 학위부터 해외 대학에서 시작했다. 일찍 유학을 나갈수록 해외 대학교수 밑에서 많은 것을 배울 수 있기에 실력 있는 친구들은 석사 때부터 유학을 가곤 했다. 석사와 박사를 국내에서 하더라도 박사후연구원은 대부분 해외에서 하는 것이 일반적이었다.

그런데 요즘은 이런 추세가 좀 바뀌었다. 카이스트에 취재차 갔을 때 일이다. 바이오 관련 교수와 이런저런 얘기를 하다가 요즘은 국내 대학원에서 박사후연구원을 꽤 많이 한다는 말이 나왔다. 국내 대학원에서도 좋은 과학 저널에 논문을 낼 수 있으니, 굳이 힘들게 외국에 가서 박사후연구원을 하지 않는다는 것이다. 그러면서 자신의 실험실에도 박사후연구원이 제법 있다고 덧붙였다.

따지고 보면 박사후연구원을 해외 대학에서 하는 이유는 좋은 저널에 논문을 싣기 위해서다. 한국에서도 좋은 저널에 논문을 낼 수 있다면 구태여 외국에 나갈 이유는 없다. 그만큼 국내 대학원 역량이 성장했다는 말이다. 이제는 국내에서도 좋은 교수 밑에서 좋은 연구를 하면 1등급 저널에 논문을 낼 수 있다. 예전에는 평생 유명한 저널에 논문 한 편 내는 것이 꿈이었는데, 이제는 박사후연구원 때 낸다고 하니 격세지감을 느꼈다.

학부 때부터 본인이 좋아하는 분야를 선정하고 그 분야를 잘 아는 교수 연구실에서 석사 때부터 연구를 시작하면 박사 과정 때 《네이처》에 논문을 내는 것이 불가능한 일도 아니다. 물론 그 과정이 힘들고 어렵지만, 교수가 잘 지도해주고 연구실 연구원들과 유기적으로 협력한다면 충분히 해낼 수 있는 일이다. 그만큼 국내 대학원의 수준이 높아진 건데, 그 밑바탕에는 해외 대학에서 우수한 연구를 한 연구원들이 국내에 들어와 교수로 연구하기 때문이다. 그리고 이런 국내 교수들이 해외 대학의 교수진과 지속해서 연구 협력을 이어가고 있다. 몸은 국내에 있지만, 사실상 연구는 해외에서 하는 것과 다름없다.

공부에 뜻이 있다면 요즘처럼 공부하기 좋은 시절이 또 있을까 하는 생각이 든다.

해열진통제의 대명사인 아스피린은 버드나무 껍질에 함유된 살리실산이라는 물질을 활용해 만들어졌다. 이 물질은 고대 이집트 파피루스에도 언급될 정도로 그 역사가 깊다. 1897년, 독일 바이엘 사의 펠릭스 호프만은 살리실산의 하이드록시기를 아세틸기와 에스테르 반응을 일으켜 아스피린을 만들었다. 호프만이 이런 화학 반응을 만든 것은 살리실산이 효능은 있지만 위벽을 자극해 설사를 일으키고, 많이 먹으면 죽는 경우도 있었기 때문이다. 부작용이 컸다는 말이다. 이렇게 화학적 반응을 거쳐 부작용을 크게 줄여 탄생한 세계 최초의 합성 의약품이 바로 아스피린이다.

폐암 치료제 이레사, 백혈병 치료제 글리벡은 모두 합성 의약품으로, 아스피린의 훌륭한 계승자라고 볼 수 있다. 유방암 치료제 허셉틴, 류머티즘 관절염 치료제 휴미라, 흑색종 치료제 키트루다, 알츠하이머 치매 치료제 레켐비는 모두 단일 클론 항체 치료제다. 백혈병 치료제 킴리아, 비호지킨 림프종 치료제 예스카타는 CAR-T를 활용한 세포 치료제다. B형 혈우병 치료제 헴제닉스, 레버 선천성 흑암시 치료제인 룩스터나는 모두 유전자 치료제다.

단일 클론 항체의 경우 2중항체, 항체 약물 접합체 등 다양한 방식으로 진화하고 있다. CAR-T를 앞세운 세포 치료제의 경우 자연 살해 세포, 수지상세포 등 T-세포 이외의 다른 면역세포를 상용화하기 위한 노력이 전 세계적으로 활발히 일어나고 있다. 유전자 치료제는 단순히 유전자를 전달하는 방식을 넘어 유전자를 교정하는 유전자 가위 치료제가 처음으로 미국 FDA의 승인을 앞두고 있다. 합성 의약품부터 시작해 항체 치료제를 거쳐 세포 치료제와 유전자 치료제까지, 인류는 끊임없이 새로운 방식의 신약을 개발하고 있다. 흥미로운 점은 이러한 기술적인 변화가 이전과는 비교할 수 없을 정도로 빠르게 진행되고 있다는 점이다.

기술의 발전과 더불어 눈부시게 성장한 것 가운데 하나가 국내 대학의 연구 수준이다. 특출난 유학생이 귀국해 국내에서 교수로 연구하면서 우리나라 대학의 연구 풍토는 완전히 달라졌다. 다만 이런 변화가 몇몇 대학에 제한된다는 점은 아쉽다.

또한 코로나19 팬데믹 기간에는 한시적으로 비대면 진료가 진행됐다. 비대면 진료는 일명 원격 진료로, 환자가 의사를 직접 만나지 않고 비대면으로 진료를 받는 것을 말한다. 그동안 병원에서 행해지던 의료 행위를 환자가 집에서도 받을 수 있다는 점에서 환자의 편익 증대가 크다. 또 비대면 진료를 가능하게 하는 디지털 기기 등 관련 기술이 필연적으로 요구되기 때문에, 이는 관련 산업의 발전을 초래한다.

반면 의사의 측면에서는 비대면 진료가 대면 진료보다 정확하지 않아 의료 서비스의 질을 떨어뜨릴 수 있다며 우려의 목소리를 내고 있다. 의사들의 이러한 우려는 이해가 가지만, 한편으로는 비대면 진료가 전면 허용되면 진료의 주도권이 의사에서 원격 진료 기술 등을 개발한 바이오 기업으로 넘어갈 수 있다는 패권 싸움의 측면도 있다.